ちくま文庫

樹木の教科書

舘野正樹

JN089915

筑摩書房

樹木の教科書　目次

プロローグ

樹木の歴史

生物学の世界では、肥大と伸長を行う多年生の茎をもつ植物を木本《もくほん》という。木本を樹木とか、もっと簡単に木と呼んでも意味は同じである。

樹木は突然出現したわけではなく、微生物や動物と同じ祖先をもつ陸上植物の一群である。もともと海中に生きていた光合成生物が陸上に進出したのは、今から4億年以上前のことだった。最初の陸上植物は単純な体制を持っており、その後シダ植物が進化してきた。これらは種子を作らず、小さな胞子を作って増えていく。

古生代には種子をつける植物が進化した。そのなかで最初に現れたのが裸子《らし》植物である。古生代は約2億4700万年前に終わるのだが、その頃には裸子植物に属する樹木が隆盛を極めた。裸子というのは、種子《しゅし》の元となる胚珠《はいしゅ》が剝きだしであることを意味している。この仲間の樹木はモミ、スギ、マツなどの針葉樹であり、水を通す組織として細い仮道管《かどうかん》を持つという特徴がある。

次の中生代は恐竜に象徴される時代だった。この時代には被子《ひし》植物が進化した。被子というのは胚珠が覆われていることを意味する。この仲間の樹木は、ブナやカシなどの広葉樹であり、水を通す組織が太い道管である。

約6500万年前に新生代が始まり、哺乳類が多様な進化を遂げる時代がやってきた。260万年ほど前からは氷期と間氷期を繰り返す氷河時代となり、最後の氷期は約1万年前に終わった。中生代から現代まで、古いタイプの裸子植物と新しいタイプの被子植物がともに地球上で繁栄してきた。

進化というと新しいものが古いものを駆逐するような印象をもつが、古いものでも長所があれば生き残る。裸子植物、特に常緑針葉樹は寒冷地に適応できたため、主に高緯度地方や標高の高い場所で生き残った。一方、常緑広葉樹は温暖な地方で旺盛な成長を示すため、気温の高い場所で優占種となる。落葉性の樹木はこれほどきれいには棲み分けない。落葉広葉樹はすべての温度に適応できるが、落葉針葉樹はほとんどが絶滅し、カラマツなど少数の種が生き残っているにすぎない。

樹木の適応戦略

日本だけを見ても、樹木の種数は千近くにもなる。これらをすべて覚えることは難しい。しかし、樹木の生き方はそれほど多くはない。生き方を知れば、ある特徴をもつ種の適応の仕方はほぼ間違いなく推定できる。

筆者は、樹木の生き方を類型化するための一つの指標は「寿命の戦略」だと考えている。ここでの寿命とは、地滑りなどの物理的攪乱《かくらん》によって決まるものとしよう。

①常緑高木は長い寿命が期待される場合の戦略

たとえば200年以上の寿命が期待できるものとしよう。安定した平原や緩や

西伊豆の常緑広葉樹と落葉広葉樹の混交林。

日光の常緑針葉樹と落葉広葉樹の混交林。

かな尾根などがこうした場所だ。この期間を生き続けるためには、幹や根が丈夫でなければならない。この場合の丈夫さとは、菌類や細菌類の攻撃に耐えられることを指す。そのためには幹や根の体積あたりの密度を高くすることが効果的だ。このような性質は成長速度の低下をもたらす。その場合、成長の初期にはより成長の速い樹木に負けてしまい、暗い林床で成長することを余儀なくさせられる。暗い林床での成長には、一年中葉をつける常緑という性質が効果的だ。常緑高木は、暗い林床で成長を続け、長い寿命の間に巨大な植物体を作る戦略である。

②落葉高木はもう少し寿命が短い場合の戦略

50年から200年の寿命が期待できるとしよう。この期間を生き抜くために必要な幹や根の体積密度は、常緑高木ほど大きくなくてもよい。密度を下げると成長速度を大きくすることが可能だ。常緑高木よりも成長速度が大きいのならば、常に明るい環境で光合成ができる。明るい環境で効果的に光合成を行うには、常緑葉よりも薄く、しかし寿命の短い落葉性の葉が効果的だ。落葉高木は、明るい環境で速い成長を続け、比較的短期間に大きな植物体を作る戦略である。最近、常緑樹の中にも一枚の葉の寿命の違いによって生き方が異なることがわかってきた。これについては巻末で紹介することにする。

③中低木はずっと寿命が短い場合の戦略

50年以下の寿命しか期待できない環境もある。たとえば河川敷などであり、時々おきる大洪水によって植物は根こそぎ流されてしまう。短い寿命しか期待できないのならば、幹や根の体積密度はさらに小さくてよく、中空にできればさらに成長速度を上げることができる。当然明るい環境が期待できるので、葉は基本的に落葉性だ。成長は速いのだが、植物体が大きくなる前に寿命が尽きるため、植物体が小さなうちから花を咲かせ、実をつけることになる。落葉性の中低木は、明るい環境で非常に速い成長を行い、短期間のうちに子孫を残す戦略である。

ここで示した寿命はそれほど確定的なものではないが、樹木を理解する上では役に立つ。ただし、常緑低木、つる植物などの例外もあるので、この類型化ですべての樹木を理解できるわけではない。なぜ体積密度が高いと微生物に抵抗できるのか、なぜ落葉性の葉は効果的に光合成ができるのか、という疑問も出てくるだろう。これについては追々述べていくことにしよう。

本書で使う気候帯の名称とその特徴

南北に長い日本列島の気候は変化に富む。沖縄などの南西諸島は亜熱帯であり、九州以北は暖温帯、冷温帯、寒温帯（亜寒帯）に属する。寒温帯はこれまで亜寒帯と呼ばれてきたが、科学英語にならい、ここでは寒温帯とすることにした。

それぞれの気候帯の目安であるが、亜熱帯は冬でも氷点下に下がらない地域、暖温帯は冬の最低気温が時々氷点下となる地域、冷温帯は冬の最低気温がマイナス10℃程度まで下がる地域、寒温帯はマイナス20℃以下になる地域と考えるとよいだろう。本州中部の場合、暖温帯は平地、冷温帯は標高1000m付近、寒温帯は標高2000m付近に広がっている。

常緑高木

ヒノキの仲間　Chamaecyparis obtusa

ヒノキの仲間はいずれも木材としての価値が高い。この価値の高さが、ヒノキの仲間と人々の生活を翻弄してきた。

法隆寺はヒノキ造りだ。おそらく、建立当時の奈良盆地周辺にはヒノキが生育していたのだろう。法隆寺は恒久的な建築物だったが、遷都が頻繁に行われた飛鳥時代から奈良時代、役所などは転々としていた。遷都のたびに新しい建物を造っていたのかというとそうではない。解体し、荷車に載せて運搬し、新しい都で再び組み立てた。近隣の山地から木材を切り出して加工するよりも、建物のリサイクルの方が労力が少なくて済んだのだ、と考えると納得がいく。平城京はそれまでの都とは別次元の壮大さを誇ったため、木材のリサイクルでは間に合わず、滋賀県の信楽からヒノキを含む大量の木材を運んだ。これは、奈良盆地では有用な木材が枯渇していたことを意味している。平城京の造営で信楽の針葉樹も枯渇し、今では見る影もない。その平城京も長岡京造営のために解体された。

ヒノキは江戸時代末期にも歴史の舞台に登場する。木曽に生育するヒノキを含む常緑針葉樹5種を木曽五木という（ヒノキ、アスナロ、コウヤマキ、クロベ、サワラ）。コウヤマキ以外はヒノキ科だ。これらは幕府や藩にとって重要な資源であり、手厚く保護されてきた。当時、木曽の人々は一部の落葉広葉樹に限り伐採を許されていた。おそらく、高値で売れる木曽五木を指をくわえてみていたのだろう。明治維新に期待し、これで木曽の人たちも豊かな森林を利用できるようになるのだ、と思った人がいた。島崎藤村の『夜明け前』の主人公、青山半蔵だ。ところがその希望とは裏腹に、明治政府は森林への立ち入りさえも禁じてしまった。信じていた革命に失望した半蔵は精神を病み、失意の中で病死する。彼のモデルは島崎正樹。藤村の父親だ。筆者の名前は島崎正樹からとっている。高校生のときに『夜明け前』を読んで以来、その重さをひしひしと感じてきた。そして、彼の理想が実現していたら良かったのに、と思うことも多かった。

しかし最近、彼の理想はナイーヴすぎたのではないか、と思っている。木曽の

白神の林床で成長するヒノキアスナロの稚樹。

右頁／奥利根にあるヒノキアスナロとブナの混交林。

ヒノキ　ヒノキ科の常緑針葉樹。檜。ヒノキ属のヒノキ、クロベ（黒檜）、アスナロ（翌檜）は葉の形が似ているため、かつてはすべて檜と呼ばれていたという。太平洋側の冷温帯にはヒノキ、多雪地の冷温帯から寒温帯にはクロベとアスナロが分布する。アスナロの中でも北方に分布するものはヒノキアスナロ（ヒバ、檜葉）であり、江戸時代初期までは白神山地の主要な樹種でもあった。かつての白神山地は上の写真のような植生だったと考えられる。現在のヒノキ林はほとんどが人工林である。

森林が何の取り決めもなく解放されていたら、乱伐によって取り返しのつかないことになっていた可能性があるからだ。自由になれば、有用な木曽五木を我先に伐採し、手間のかかる植林はしない。これが個人にとっての目先の利益を最大にする方法なのである。しかし、長い目で見れば、これでは森林が荒廃し、そこからの富を持続的に得ることはできなくなる。いわゆる「共有地の悲劇」だ。その典型例が白神山地であり、最近発見された津軽国図という江戸時代の植生図が、白神山地でおきた悲劇を明らかにしてくれた。江戸時代初期、白神山地にはヒノキアスナロとブナの混交林が成立していた。野放図な伐採の結果、有用なヒノキアスナロは失われ、木材としての価値に乏しいブナだけが残ったのである。

木曽からそう遠くない大鹿村では江戸時代に森林が荒廃していった。これは共有地の悲劇というよりも、年貢を有用な常緑針葉樹で納めたことが原因である。その結果、落葉広葉樹でできた雑木林が残った。日本人は律儀なので、年貢として納めた樹木の種名と本数まで記録していた。これを読み解くことで、江戸時代に森林がどのように変化していったかがわかったのである。

スギ　Cryptomeria japonica

スギという名前のついた樹木は結構ある。日本にも、ヤクスギ、アシュウスギなどと呼ばれるスギがあるが、これは正真正銘のスギである。ところが、ヒマラヤスギやレバノンスギとなるとこれはスギではなく、マツの仲間だ。英語ではマツの仲間を cedar と呼ぶのだが、これをスギと訳してしまったことが間違いの発端なのだろう。スギという名前は付かないがスギに近縁の植物としてはアメリカのセコイアがある。スギとセコイアはともに長生きで知られている。

さて日本のスギだが、非常に近縁なものは中国にあるだけで、ほとんど日本だけに分布する樹木である。しかし、日本のどこにでも生育していたというわけではない。日本各地に有名なスギ林があるが、すべて降水量の多い場所に限られる。秋田杉で有名な秋田は多雪地だし、屋久杉で有名な屋久島には一年中雨が降る。スギは常緑針葉樹の中では比較的成長が速いのだが、それは豊富な降水量に支え

日本で一番有名な屋久島の縄文杉。

右頁／福島県本名御神楽岳近くのスギとブナの混交林。

スギ　ヒノキ科スギ属の常緑針葉樹。杉。以前はスギ科として独立していた。かつては多雪地である日本海側の山地を中心に広く生育していた。雪の少ない太平洋側の場合には、伊豆半島や紀伊半島のような比較的降水量の多いところに分布する。花粉症で悪名高いが、成長はヒノキよりも速く、柱や板などに使われてきた。その有用性のため乱伐されてしまい、現在のスギ林の大半は太平洋戦争後に植林されたものである。

られているのだろう。その仕組みについて確実なことは言えない。ともかく、成長がそこそこ速く、木材として使いやすかったため、スギは全国各地に植林された。

本来ならばスギの人工林は、日本の木材生産の中核を担うものとして愛されるはずだった。ところが、日本が豊かになるにつれ、国産材よりも輸入材の方が安くなっていった。これがスギにとっての悲劇の始まりだった。人工林は放置されて荒れてしまい、それに加えてスギ花粉症がスギの評判を落としてしまった。

ところで、なぜ人工林を放置してはいけないのだろうか。その理由は間引きにある。スギに限らず、人工林では人間による間引きが必須だ。これを行わないと、光をめぐる個体間の競争が激しくなる。競争が激しくなると、幹の肥大よりも伸長成長が促進される。通常、植物は風などのストレスに十分対抗できるよう、肥大と伸長のバランスをとって形を作っていくのだが、競争が激しいと背に腹は代えられない。伸長を優先させて徒長（樹木の枝や茎がいたずらに伸びてしまうこと）した幹は、写真（22頁）のように降雪などで折れてしまう。このような人工林は使い物にならない。折れてしまえば使えないのは当然だが、折れなかったとしても、細い幹では柱にならない。そのため、人工林では間引きをして競争を緩和してあげなければならないのである。

一方、自然の林ではここまで徒長することはない。人工林では同じ大きさで同じ性質を持った苗が植えられるため、競争の勝者と敗者がなかなか決まらない。そのため、すべての個体が伸長を続けることになる。一方、自然の林では発芽時期もずれるし、個体の特性も多様であることが多い。こうなるとより速く大きくなれるものが勝者となり、負けたものは日陰になって枯れてしまう。これを自然間引きとよぶ。これによって面積あたりの個体数は常に低下していき、人工林でみられる際限のない競争は回避される。

自然間引きの過程では、個体の大きさと面積あたりの個体密度との間に普遍的な関係がみられる。これを「3／2乗則」という。これは日本の生態学者によって1950年代に発見されたものだ。この法則は人工林での間引にも大きな影響を与え、木材の生産性を最大化するような間引き技術が確立している。しかし、

間伐（間引き）を行わなかったために雪で折れたスギの人工林。

スギ材でできた蕎麦屋。

雑木林のスギ稚樹。菱田春草『落葉』へのオマージュ。

合理的な間引きを遂行するための人手がなくなってしまったのである。

もう一つの悲劇は花粉症だ。ここ数十年、スギ花粉症のニュースは毎年の恒例行事となっている。その理由の一つは、生物はできるだけ多くの子孫を残すための一生のスケジュールをもっていることだ。そのスケジュールは、幼年期には自分の体を大きくするために全力を尽くし、ある程度体が大きくなったら繁殖に注力する、というものだ。一生が短い生物の幼年期は短く、長命の生物の幼年期は長い。サクラのように短命な樹木の幼年期は短く、若いうちから花を咲かせる。一方、スギのように長命な樹木の幼年期は長く、数十年の幼年期をもつことも多い。近年、太平洋戦争後に植林されたスギが幼年期を終え、花粉を飛ばし始めてしまったのである。

このように、荒れ果てた人工林と花粉症の二つによって、スギに関するネガティブなイメージができてしまった。木材としてのスギもヒノキより低級だとされているのでなおさらだ。建築には素人の私から見ても、ヒノキの方がなめらかで緻密な木材に見える。筆者の生家は曽祖父が隠居所として建てたものだったのだが、安普請のために柱がスギだった。スギの柱は友達から冷やかされることも多く、父の夢はヒノキ造りの家を建てることだったのである。

しかし、いにしえの出雲大社のような高貴な建築物でさえスギでできていたことがわかっている。出雲大社が造営された頃は木材を遠くから運ぶ手段がなく、仕方なく近くにあったスギを使ったのではないか、という見方もあるだろう。しかし、日光植物園に隣接する旧田母沢御用邸の中でもっとも景観のよい箇所はスギでできている。ここは江戸時代の建造物を明治になってから移築したものなので、建築当時、木材は全国から運搬されるようになっていた。それでもスギを使っているのである。また、現在でさえ、出雲大社の一番重要な柱はスギなのだそうだ。スギ材だからといって卑下する必要はないらしい。

最近、筆者もスギ材の良さに気づき始めている。日光植物園から一山越えたところに、地元の森林組合が経営する蕎麦屋があるのだが、この建物がスギでできている。ヒノキだとお高くとまった感じがぬぐえないのだが、スギでできたこの建物には温かみと素朴さがある。畳の上でごろごろしていても許されるような、そんなアットホームな感じだ。建物だけでなく、この店は蕎麦も上等だ。

こうした感性の問題を排しても、スギ人工林を維持し、利用していく必要はあるのだと思う。世界の人口が増加していく限り、将来的には木材の需給が逼迫するはずである。こうなったとき、私たちは国産のスギに頼るしかないのだから。

モミの仲間　Abies firma

モミは木材としての評価は低いが、国宝である姫路城や松本城の天守閣にモミが使われている。天守閣は元来戦争のためのものだ。優雅さなどとは無縁の建築物だったからこそ、材木は近場に生えていたモミで良かったのかもしれない。弥生時代の遺跡から出土する柱もモミが多い。静岡の登呂遺跡、佐賀の吉野ヶ里遺跡の柱もモミだ。材木としてのモミに問題があるとすれば、伐採直後はかなり臭いことだ。

日光の植物園の技官だった高橋さんのお宅は築二百年以上になる。日光はモミの多い場所だ。そのため、この建物にもモミが使われている。梁に使われたモミは「ちょうな」という工具でえぐるように削られており、今でもそのあとがはっきりとわかる。柱がかんなを使ってつるつるに仕上げられているのとは対照的だ。梁は、いろりで燻されたせいで真っ黒になっている。

東京の西部にある高尾山にはモミの巨木が多い。

モミ　マツ科モミ属の常緑針葉樹。樅。太平洋側に多く分布する。関東地方の場合、標高500m～1000m付近にはモミ、1000 m～1500m付近にはウラジロモミ（裏白樅）、1500m以上ではシラビソ（白檜曽）が生育している。東京にある代々木という地名は、かつてモミが何代にもわたって生育していたことによるのだという。ツガの仲間、トウヒの仲間はモミと同じような性質をもつ常緑針葉樹である。

その家ができてから百年ほど後に幕末の戊辰戦争があった。最後まで抵抗した幕府側の人たちは、日光東照宮のご神体を抱えて日光から会津へと向かう。その途中、高橋さんの家のあたりを通っている。それは山越えの険しい道をゆく旅であり、落ち行く先の会津では最大の激戦が待ち受けていた。そんな時代を見続けてきた荒削りの梁に歴史の重さを感じる。なお、戊辰戦争当時の会津藩主松平《まつだいら》容保《かたもり》は明治になってから、日光東照宮の宮司を務めている。当時のお屋敷は東大の日光植物園となり、建物も現役だ。日光と会津、縁は深い。また、現在の徳川宗家は容保直系である。

ところで、樹木全体の寿命はどのように決まるのだろうか。木全体の寿命は菌類の侵入で木部が腐ってしまうまでの時間である。

では、作ったり枯らしたりを繰り返す葉の寿命と葉の性質との関係はどのようになっているのだろうか。落葉樹でも成長の速いダケカンバなどは2、3カ月の寿命だ。対照的に、モミの仲間の葉の寿命は長い。場合によっては10年近くも1枚の葉をつけている。スギやヒノキは2、3年というところだ。葉の寿命は植物が主体的に決めているのだが、短い寿命の葉と長い寿命の葉ではその性質がかなり違う。短命の葉は薄く、長命の葉は厚いのである。短命の葉は強風などのストレスに耐える必要もないし、被食に対して硬さで抵抗する必要もない。そうした問題が起きる前に自ら枯らしてしまうので、薄くてよいのだ。一方、長命の葉はストレスや被食に抵抗しなければならないために厚い。

長命の葉を作る常緑樹は一年中光合成ができるのだから、短命の葉を作る落葉樹よりも成長が速いように思うかもしれない。しかし、現実は逆だ。短命の葉を作る落葉樹の方がずっと速く成長する。その理由の一つは、光を集める効率の高さである。同じ重さの有機物で葉を作るとき、薄い落葉樹の葉は厚い常緑樹の葉よりも面積を広くすることができる。それによってたくさんの光を使うことができる。この効果は大きく、たとえ1年の半分しか光合成ができなくても、落葉樹の成長は速い。

こうなると常緑樹の意義がわからなくなる。一年中葉をつけているのに成長が遅いのでは、落葉樹に勝てるはずがない。それでも常緑樹は日本にたくさん自生

腐朽が進んだサワラの切り株。

日光のモミ、ツガ、イヌブナ、カエデ等の混交林。

日光の標高 2000 m付近にあるシラビソとダケカンバの混交林。

イヌブナ林林床で成長するモミの稚樹。

している。実は、四季のはっきりとした日本のような温帯における常緑樹のメリットは、冬の落葉樹林床で行う光合成だ。晩秋から早春まで、落葉樹の林床は明るくなる。常緑樹の稚樹はこの時期に光合成を続け、少しずつ大きくなっていく。雪の多い地方の場合、春は雪の下に入ってしまうので無理だが、晩秋には光合成ができる。

このような性質をもつ落葉樹と常緑樹は、交互に森林の主力となる。明るい場所ができれば、落葉樹が急速に成長し、落葉樹が倒れれば、その下で大きくなっていた常緑樹が林の主力となる。やがて常緑樹も力尽きる。その林床は明るく、強い光のもとで速い成長が可能な落葉樹がすぐに成長を始め、再び落葉樹の林ができる。このように、落葉樹→常緑樹→落葉樹というサイクルが繰り返されるのが日本の森林である。これは一般に落葉樹が優占している冷温帯でも同じだ。ヒノキの仲間のところで述べたように、江戸時代初期の白神山地は、落葉樹のブナと常緑樹のヒバが混在していた。林のあちこちで、落葉樹→常緑樹→落葉樹というサイクルが独立しておきていたからだ。太平洋側の冷温帯では、イヌブナなどの落葉樹→モミ・ツガなどの常緑樹→イヌブナなどの落葉樹というサイクルが成立していた。

このように常緑樹は落葉樹が枯れるまでその下で待つ。だから、常緑樹の植物体全体の寿命は落葉樹よりも長くなければいけない。そのため、常緑樹の材は落葉樹よりも腐朽しにくくできていることが多い。具体的には、常緑樹の材の比重は大きく、菌類がなかなか侵入できないようになっているのである。

モミの仲間は標高の低い場所から高い場所にかけて、モミ、ウラジロモミ、シラビソと分布が変化するのだが、その理由は依然として不明だ。現象としては次のようなことだけがわかっている。モミの本来の生育地である日光植物園でウラジロモミやシラビソを育てることはできるが、モミやウラジロモミを生育地より標高の高いところに移植すると枯れてしまうのである。反対に標高の低いところに移植した場合、枯れることはない。モミの仲間以外でも、近縁の種の棲み分けの仕組みについてはわからない点が多い。ヒノキ、クロベ、アスナロもそうだし、落葉広葉樹のコナラとミズナラについても不明な点だらけである。

オオシラビソ　*Abies mariesii*

高校の教科書では、樹木の上限（森林限界）は緯度が上がるにつれて低くなっていくことになっている。これは、北では標高が高くなくとも気温が低いため、と説明されている。

しかし、その説明には少々補足が必要だ。高緯度でも山の高さが高ければ、森林限界はより標高の高いところにある。たとえば八甲田山と日高山脈を比較してみよう。日高の方が北にあるのだが、森林限界は高い。これは山頂効果といわれる気象条件の違いによる。山頂付近は風が強くて高木が生育できないのである。そのため、

福島県会津駒ヶ岳付近のオオシラビソ。

オオシラビソ　マツ科モミ属の常緑針葉樹。大白檜曽。シラビソに似ているが、遺伝的には他のモミ属の種とはかなり異なるという。日本海側の多雪山地に分布しており、八甲田山や蔵王の樹氷はオオシラビソに雪が付着してできる。私の勤務する日光植物園では野外で育てることができない。これは日光が寡雪地であることと無関係ではなさそうだ。

緯度が低くても山頂が低ければ森林限界も低くなってしまう。では、なぜ強風で樹木が生育できないのだろうか。これは主に冬の季節風によって飛んでくる氷片によって傷つけられてしまうことによるのだと考えられている。実際、森林限界付近では風上側には枝がない旗ざおのような樹形（風衝樹形）をみることができる。これは風上側の枝が傷ついて枯れてしまうためだ。

厳冬期の八甲田山では、オオシラビソの風衝樹形に雪が付着してできた樹氷を見ることができる。3月になると雪は締まり、快適な山スキーのシーズンとなる。このとき、樹氷は溶け、オオシラビソは風衝の部分だけが雪の上に出ている。八甲田の夏を知らない頃、オオシラビソはなんて不格好なモミの仲間なのだろうと思っていた。大学4年の夏、学生実習が八甲田で行われた。雪の中に埋もれていたオオシラビソの基部では枝が四方に伸びており、かなりのグラマーだったことを知った。オオシラビソに申し訳ないと思うと同時に、雪のありがたさも知った実習だった。

ところで、樹木はどのようにして低温に耐えるのだろうか。細胞は細胞の中に氷ができてしまうと壊死してしまう。氷が細胞の中にある構造を破壊してしまうからだ。そのため、細胞の中に氷ができないような仕組みによって低温に耐えているのである。

真水ならば0℃で凍るのだが、細胞にはさまざまな物質が溶けているため、真水ほど簡単には凍らない。秋になると植物は細胞に溶けている物質の濃度を上げる。蔗糖《しょとう》などを細胞にため込む。これである程度低温に耐えられるようになる。

しかし、それだけでは厳しい冬を乗り越えることはできない。植物細胞の場合、細胞の外側の水がまず凍る。これを細胞外凍結という。細胞の外側の水は真水に近いので凍りやすいのである。細胞外凍結がおきると細胞から水が外に出て行く。この水が凍ると、さらに水が出ていく。こうして、細胞の中の物質の濃度はどんどん上昇し、さらに凍りにくくなる。マイナス10℃にもなると、細胞の中の水の90％程度が細胞の外に出てしまう。このとき、縮んだ細胞の中身はどろどろで、もう凍ることはなくなる。種によって耐えられる温度は違うのだが、マイナス50℃にもなるシベリアのタイガでも植物が生きていけるのは、基本的にこの細胞外

風の強い稜線上では樹高２ｍ程度で実を付ける。

凍結のおかげだ。

雪国の植物は皆寒さに強いように思えるかもしれない。しかし、そう単純な話ではない。冬の間、雪の下はほぼ0℃に保たれる。そのため、雪に押しつぶされて冬を越す植物は、雪の少ない地方の植物よりも寒さに弱いことがある。高山植物も例外ではない。雪の少ない日光植物園の場合、高山植物には落ち葉をかけて雪の代わりとしている。

トウヒ　Picea abies

スプルース単板という言葉に反応してしまうと歳がばれる。スプルース単板とはギターがスプルースの一枚板でできていることを意味している。１９７０年代にはフォークソングブームがあり、中学生だった私はそのブームに乗せられてギターを始めた。単板のギターは合板のギターに比べて高価であり、当時の中高生にとってスプルース単板のギターは憧れの存在だった。

憧れてはいたものの、スプルースが何なのか知っていた中高生は少ない。私も例外ではなかった。スプルースはトウヒの仲間の英名であり、北半球の寒冷地に分布する常緑針葉樹だ。日本にはトウヒの他、エゾマツなど数種が分布し、大木となる。日本中部の亜高山帯の場合、トウヒはシラビソ、オオシラビソ、コメツガ、ダケカンバと混交していることが多い。

長年疑問に思っていたことがある。製紙会社がトウヒの分布する亜高山帯の森林を所有している理由は何なのだろうか。製紙会社が必要とするものは紙の原料となるパルプを作るための樹木だ。針葉樹は柱などの構造材として利用する樹木のはずなのに……。調べてみると、亜高山帯の樹木は構造材として使うには耐久性に難があり、それならばパルプとして使おうということだったらしい。大木となるトウヒの仲間からは節のない一枚板を採ることができる。しかし、その用途は家具や楽器、そしてパルプに限られている。

パルプとは製紙のために植物から取り出した短い繊維の総称だと思って良い。植物体を物理的に破砕したり、あるいは化学的に分解したりすることによってパルプは作られる。それに様々な薬品を加えて紙を作る。パルプから作られた紙が洋紙であり、印刷に向いていることがその特徴となっている。和紙は長い繊維を必要とするため、原料となる植物が限定されている。洋紙は繊維が短くても作れるため、植物を選ばない。

ここ数十年、環境保護の重要性が世界的に認められるようになった。その中で、原生林を伐採して紙を作り、それをリサイクルせずに燃やしてしまうという従来のやり方が変化してきた。

現在では段ボールのリサイクル率が95%にもなっている。さらに、森林の使い方も変化した。北アメリカやスカンジナビアの針葉樹林は徐々に人工林になりつつあるという。これは「切ったら植える」という日本の林業と同じ方式を採用したということだ。パルプの原料も変わった。日本がパルプ用に輸入する木材の多くがベトナムなどの人工林で生産されたユーカリやマツになっている。気温の高い熱帯の方が植物の成長が速く、植林と伐採のサイクルを短くできるからだ。社会が変化したおかげで亜高山帯の原生林が生き延びた。

日光国立公園にも伐採を免れたトウヒが分布している。トウヒを含む原生林は日光白根山の北側に広がる。息を切らして登山道を登っている間、視線は足元に落としたままだ。それでも樹種を知ることはできる。トウヒ、オオシラビソ、ダケカンバは樹皮が違う。鱗《うろこ》のように割れているのがトウヒ、白っぽいものがオオシラビソ、薄茶色がダケカンバだ。

樹皮の形状が種によって異なる理由は明らかではない。ただ、樹皮の必要性に

右頁／日光国立公園菅沼の巨大なトウヒ。

トウヒ　マツ科トウヒ属の常緑針葉樹。唐檜。北海道に分布するエゾマツの変種とされる。トウヒ属は北半球の寒冷地に分布しており、モミ属よりもより寒冷な場所で見られることが多い。本州のトウヒ属にはトウヒの他、ヤツガタケトウヒ、ハリモミなどがある。トウヒは高さ40ｍもの大木となることがあり、写真の個体は信仰の対象となっている。

トウヒの樹皮

オオシラビソの樹皮

ダケカンバの樹皮

ついては書くことができる。植物には高度な免疫システムがない。また、植物を食べる動物もいる。その上、強風によって砂や氷片が飛んでくることも多い。樹皮は内部に病原体が入るのを防ぎ、被食を回避し、物理的に傷つくのを防ぐ鎧である。そのため、針葉樹では樹皮の厚さが2㎝を越えることもある。最も厚い樹皮はコルクガシのものであり、この樹皮から作られるのがコルク。ワインの栓などに使われる。

樹皮が剝がれる理由は次のようなものだ。樹木は年々肥大していく。樹皮は伸縮性を持たないため、肥大する幹に追従することはできない。そのため、古い樹皮が割れたり剝がれたりすることになる。これはエビやカニの脱皮に似ている。

就職して少し余裕ができたとき、再び私のギター熱が高まった。そして憧れだったスプルース単板のギターを手に入れたのだった。薄々勘づいてはいたのだが、安いギターとの音色の違いを聞き分けることはできなかった。じゃ、合板で良くね？　う、うん。

ゴヨウマツ（ヒメコマツ）の仲間　Pinus parviflora

マツの仲間は常緑樹でありながら暗い場所に弱い。この理由はまだわかっていない。しかし、他の常緑樹とは異なる能力がある。乾燥に強いのである。そのため、マツの仲間は乾燥した尾根筋では勝ち組だ。尾根筋は明るいことが多いので、それもマツの仲間が尾根筋に多い理由の一つだ。明るく乾燥した尾根筋はマツの楽園であり、そこがマツの仲間の本来の自生地だと考えていいだろう。こんなことを書いていても本当は不安だ。暗い場所に弱い理由だけでなく、乾燥に強い理由も筆者には説明できないのである。

キタゴヨウは多雪地の尾根筋に生育しているのだが、ここにはクロベやヒノキアスナロも混在していることが多い。多雪地では、暗い場所に強い種も明るい場所に強い種も、高木となる常緑針葉樹は主に尾根筋でしか生きられない。この理由についてはある程度説明できる。ここでは常緑針葉樹と雪との関係について見

福島県只見町のキタゴヨウ。

ゴヨウマツ（ヒメコマツ） マツ科マツ属の常緑針葉樹。五葉松、姫小松。日本のマツは葉が２本のアカマツやクロマツと、葉が5本のゴヨウマツ（ヒメコマツ）である。寡雪地にはヒメコマツ、多雪地の尾根にはキタゴヨウ（北五葉）が分布する。キタゴヨウの矮性型がハイマツ（這松）であり、標高が高く、風の強い場所に分布する。キタゴヨウとハイマツの雑種がハッコウダゴヨウ（八甲田五葉）である。マツの仲間は常緑針葉樹の中では特殊であり、明るい場所でしか成長できない。

キタゴヨウも生育できない谷川岳一ノ倉沢。

奥穂高岳のハイマツ。

ていくことにしよう。

ある年の夏、日光で採取したモミの稚樹を新潟県の巻機《まきはた》山山麓に移植した。巻機山周辺は日本有数の豪雪地帯である。移植先は傾斜の緩い場所と、傾斜の強い場所の二つだ。雪に覆われる12月まではほとんどの個体が生きていた。翌年の雪解けを待って見に行くと、傾斜の緩い場所の個体は冬の間に枯死することはなかったが、傾斜の強い場所の個体はほとんどが消えていた。雪崩が起きたわけではないのだが、雪が少しずれ落ちるときに抜けてしまったらしい。常緑針葉樹は冬でも葉を付けているため、雪の動きを受け流すことができないようだ。こうした理由で常緑針葉樹は傾斜の強い多雪地には定着できないのだろう。

尾根筋はある程度傾斜があっても雪が安定している。北アルプスなどの急峻な尾根の場合、尾根の両側は雪崩れてしまっているのだが、尾根上にはキノコ雪と呼ばれる雪の固まりが残っている。この安定性が常緑針葉樹の生育を許している。そして、この安定性はそこを登るクライマーの安心をも保証しているのである。

とはいえ、あまりにも急峻になると尾根筋でさえ安心はできない。谷川岳の一ノ倉沢がその典型だ。ここでは尾根筋にもキタゴヨウは見られない。クライマーもそれなりの覚悟と準備が必要となる。多くの場合、雪崩れがおきにくい夜の間に危険箇所を通過するようにしている。47頁（上）の写真はそうやって登り切った直後に撮ったものだ。単独行だったこともあって、思い出深い一枚となっている。

急峻だったり、風が強かったりする環境に適応したのがハイマツである。常緑樹なので雪を受け流す能力はあまり高くないように思うのだが、幹が寝ているので、直立するキタゴヨウよりはましなようだ。背が低いことは、冬の強い季節風によるトラブルを軽減することにも一役買う。雪の下に入ってしまうことで、飛んでくる氷片による傷害を避けることができるのである。

実はマツという名前をもつ植物はマツ属以外にもある。トドマツはマツ科モミ属、エゾマツはマツ科トウヒ属の常緑針葉樹だ。かつては針葉樹という意味でマツという言葉を使っていたのだろう。

アカマツ　*Pinus densiflora*

アカマツの幹は曲がっているため、柱としては使いにくい。そのため、主に梁に使われてきた。曲がったものをうまく利用できるかどうかは、大工さんの腕次第だ。長さ、太さ、そして曲がり具合が一本一本異なっているのだから。最近ではこのような技は失われてしまったように思う。木材を工場で正確に加工し、それを使って家を造るからだ。この方が低コストでかつ高い強度を確保できるのだろう。ちょっと寂しい気もするが、断熱性や耐震性も考えれば致し方ない。

アカマツには梁以外の用途もある。太平洋戦争の末期、日本はボルネオ島などにあった油田地帯を失い、航空機の燃料が不足していた。それを解決するため、マツの根から松根油《しょうこんゆ》と呼ばれる油を採集することを試みた。当時、山形高校に在籍していた筆者の父は、月山《がっさん》の麓でマツの根を掘っていた。結局のところ、松根油で零戦が飛ぶことはなかったのだが、マツはそれを可能と思わせるくらい多く

日光の瀬戸合峡にあるアカマツ林。

アカマツ　マツ科マツ属の常緑針葉樹。赤松。ゴヨウマツ同様、明るい場所を好む。海岸沿いには樹皮の黒いクロマツ（黒松）が、内陸には樹皮の赤いアカマツが生育する。アカマツの本来の生育地は写真のような乾燥した岩山や岩尾根なのだろう。アカマツも老木となると樹皮が黒くなっていく。かつてはアカマツも植林され、スギ、ヒノキ、アカマツが三大人工林となっていた。

の油分を含む。生の葉をたき火に入れてみよう、花火のようにぱちぱちと音を立てて燃えてしまう。これはマツに限らず、針葉樹に多い特徴だ。ヒノキの葉もよく燃える。

油分をたくさん含むアカマツは、薪としても使われてきた。特に窯業など、強い火力を必要とする産業ではアカマツが使われた。この薪としての需要を満たすため、全国にアカマツが植えられてきた。かつてアカマツは、スギ、ヒノキとともに三大人工林を形成していたのである。

近年アカマツの人工林が激減したのは、需要減だけが原因ではない。マツ枯れと呼ばれるマツ材線虫病が猛威をふるったためである。マツ枯れは、マツノマダラカミキリが運ぶマツノザイセンチュウが材を食い荒らし、水が吸えなくなってマツが枯死するというものだ。マツノザイセンチュウは北米からやってきたのだが、北米のマツではそれほど被害が出ず、日本のマツには甚大な被害が出た。

実は、病原体は毒性が強力では生きていけない。というのは、あまりに毒性が強いと寄主（ホストともいう）を殺してしまい、自分も共倒れするからである。

マツノザイセンチュウは北米ではマツと穏やかな関係を作れていたのだが、日本のマツとはうまくいかなかったのである。

筆者がマツ枯れを初めて見たのは、高校の修学旅行で倉敷に行ったときのことだった。新幹線から見る瀬戸内の山々は枯れたアカマツで覆われていた。水俣病などの公害とともにマツ枯れが筆者に与えたインパクトは強烈であり、筆者の将来を決める要因ともなった。

最近、再び瀬戸内の山々を見る機会があった。落葉広葉樹が大きくなり、その下では常緑広葉樹の稚樹も順調に成長していた。やがて、常緑広葉樹を主体とする暖温帯の典型的な森林ができあがるのだろう。アカマツはというと、尾根筋に点々と生育している。マツ枯れも見られるが、アカマツが全滅するということはなさそうだ。アカマツが減ったため、マツノマダラカミキリがアカマツを発見しにくくなったのかもしれない。山はようやく落ち着きを取り戻し、自然の復元力を誇示しているように見えた。

最後に、マツタケについて書いておこう。マツタケはマツの仲間の根にとりつ

アカマツは梁などに使われてきた（栃木市の旧宇田邸）。

く菌根菌だ。マツからはエネルギー源となる有機物をもらい、マツへは土の中から吸収したリン酸を供給している。このような関係を相利共生という。とはいえ、マツとマツタケが相利共生かというと、そういうわけではなさそうだ。マツのほうがマツタケを厭がっているらしいのである。マツタケはマツのストーカーなのかもしれない。

スダジイ　Castanopsis sieboldii

スダジイといえば、まずドングリのおいしさだ。小さめではあるが、渋みはなく、多少は甘みも感じられる。秋になると東大医学部の横にあるスダジイが実り、落ちたドングリをハトやスズメが食べに来る。鳥たちだけに喰われるのはもったいないので、学生たちにも食べてもらったことがある。予想外にいける味という評価だった。

スダジイだけでなく、ブナのドングリもおいしい。一方でコナラやシラカシのドングリは渋くて食べられたものではない。ドングリにまずいもの、おいしいものがあるはなぜだろう。ドングリの味はおそらく、有利不利に関係のない「中立」と呼ばれる形質だ。ドングリを主に食べるネズミなどの動物はそれほど選り好みをしないのだろう。食べにくくても栄養があれば集め、保存食として埋める。埋めたものの一部は忘れ去られ、それが発芽して子孫が増えていく。

一部のドングリのまずさ、つまり渋さの原因はタンニン（ポリフェノール）だ。タンニンはタンパク質とくっつきやすい。タンニンとくっついたタンパク質は消化酵素による分解を受けにくくなる。さらに消化酵素にくっついてその働きを直接阻害することもある。これは「俺を喰ったって栄養にはならないぞ」という、捕食者に対する意地悪だ。動物に喰われたくない部分にはタンニンが含まれていることが多い。この意地悪は特に虫の被食に対する防御策として有効なようだ。

タンニンが存在するが故に、植物を使った生物学は苦労してきた。細胞をすりつぶしてタンパク質を取り出そうとすると、タンパク質はタンニンとくっついてしまい、タンパク質だけを取り出すことができないのである。そのため、タンパク質についての研究はタンニンを含まない種で行われてきた。ホウレンソウがその代表だ。しかし、注意しなければならない。ホウレンソウはタンニンを含まない代わり、シュウ酸カルシウムを含む。この結晶は動物の舌に刺さることで動物の食欲をそぐ。私たちがホウレンソウをゆでるのは、シュウ酸カルシウムを除くためでもある。

脱線しすぎたので、スダジイに戻ろう。スダジイは日本のほぼ南端に位置する西表島にまで分布する。ここは亜熱帯であり、落葉広葉樹はほとんど見られない。この場合、森林は常緑広葉樹から常緑広葉樹へと更新されていく。どのような性質をもった常緑樹ならば常緑樹の暗い林床で成長し、高木となれるのか、という問題はいまだに解決できていない。熱帯でも同様だ。この問題を解くためには、暖温帯でも亜熱帯でも優占するスダジイを研究するのが近道のように思う。ここ数年、筆者らは沖縄にフィールドを設け、スダジイの成長を追いかけている。

スダジイを多く含む屋久島の常緑広葉樹林。

スダジイ　ブナ科シイ属の常緑広葉樹。すだ椎。福島県から沖縄の西表島まで分布する。特に沖縄本島では最も多く見られる樹種である。常緑広葉樹林の写真を撮ると、どこかにスダジイが写っていることが多い。上の写真の中にも20個体程度のスダジイが生育しているのだが、他の樹種に紛れてしまっている。このように、これといった特徴のないことがスダジイの特徴でもある。

スダジイの葉。

東大赤門の脇を固めるのもスダジイだ。

クスノキ　Cinnamomum camphora

アニメ映画の『となりのトトロ』には巨大な常緑広葉樹が登場する。これがクスノキだ。アメリカで見た英語版のトトロでは、中心人物のサツキちゃんが「カンファーツリー」と叫んでいた。カンファーはカンフル（樟脳）のことであり、クスノキの英語名である。そう、クスノキはカンフル剤の成分であるカンフルを含む樹種なのである。

カンフルは二環性モノテルペンケトンの仲間という厳《いか》つい名前をもつ化合物である。これを聞いても何のことかさっぱりわからない。でも、防虫剤だったり、強心剤だったりすることは誰でも知っている。カンフルのように、すべての生物に必須というわけではない有機物を二次代謝産物という。植物の二次代謝産物の多くは被食防御のために作り出されており、おそらくカンフルも例外ではない。

植物の被食防御には主に三つの方法がある。一つ目はスダジイのところで述べたようにタンニンを使う方法だ。消化の阻害を目的としている。二つ目はカンフルのような物質を使う方法であり、これは毒を使うやり方である。植物の毒素にはアルカロイドと呼ばれるものも多いが、これは二次代謝産物のうちでアルカリ性を示す物質の総称である。そして三つ目は、物理的な硬さを使う方法である。葉寿命の長い常緑樹は厚くて硬い葉をもつのだが、この意義の一つは「虫の歯が立たない」ようにすることだ。多くの常緑樹の葉では、これら三つの方法をすべて採用している。常緑樹の葉を見たら、手で触り、噛んでみよう。硬く、渋く、苦いことに気づくはずだ。苦いのが毒の味である。人間は有毒なものを苦いと感じるようにできている。でも安心して欲しい。少しくらいなら食べても大丈夫だ。

植物の被食防御機構はかなり強力であり、一般には、作り出した有機物の数%しか喰われない。しかし、時々その防御を打ち破るような生物が進化してくる。クスノキに関していえば、アオスジアゲハが防御破りに成功している。イネ科植物は硬いケイ酸で葉を覆うことで防御してきたが、臼歯を進化させた哺乳類がそれを打ち破った。とはいえ、それによって哺乳類の天国が出現したわけではない。

明治神宮のクスノキ。

クスノキ　クスノキ科ニッケイ属常緑広葉樹。楠。原産は中国ともいわれるが、日本に移入した時期は不明である。常緑樹とはいっても、１枚の葉の寿命は丸１年であり、翌年の春には落葉して、新しい葉に入れ替わる。葉は常緑広葉樹としては薄く、比較的成長が速い。かつては防虫剤の樟脳を採るために利用されていた。

三行脈が特徴の葉。

展開してから１年後の春、クスノキの葉は紅葉して落ちる。

アフリカのサバンナはイネ科草原であり、シマウマなどの餌はいくらでもありそうだ。しかし、過酷な乾期の存在が草食動物の増加を妨げている。

再びトトロだが、トトロの力によってクスノキが一晩で大木にまで成長するシーンがある。注目すべきはその成長の仕方であり、クスノキの根元が伸びているのである。演出としてはインパクトがあるのだが、植物がこのような成長をすることはない。伸長するのは枝や根の先端だけであり、根元は肥大するだけである。宮崎監督をはじめとするスタッフたちは、このことを知った上であのシーンを作ったに違いない。とがめ立てする気はないが、子供たちには正しい植物の成長の仕方をどこかで教えておく必要があるだろう。それと、植物が大きくなるには長い年月がかかることも教えなければならないだろう。自然は強力な復元力を持つが、一度破壊した自然が回復するまでには何百年も何千年もかかることがあるのだから。

クスノキの仲間にはタブノキやクロモジがある。タブノキは暖温帯常緑広葉樹林の主要な構成種だし、クロモジは高級な楊枝の原料となる落葉低木だ。

シラカシ　Quercus myrsinaefolia

全国的に見れば、シラカシはカシの仲間では少数派である。しかし、シラカシには常緑広葉樹の中ではかなり寒冷な場所でも生育できるという特徴がある。実際シラカシの北限は、冷温帯を本拠地とするモミの南限と重なっているのである。筆者らはシラカシとモミを使い、常緑広葉樹と常緑針葉樹の分布がどのように決まっているのかを研究していたことがある。

常緑広葉樹と常緑針葉樹の大きな違いは、冬にエンボリズムが生じるか否かということだ。常緑針葉樹が水を葉に供給する管は細い仮道管だが、被子植物である常緑広葉樹は太い道管だ。太い道管には水をスムーズに送れるという利点がある。しかしこれは夏に限っての話。冬、気温が氷点下に下がると、凍結した太い道管の中には気泡が入ってしまう。冷蔵庫の氷と同じようなものだ。道管内の氷が溶けても気泡が残ってしまい、これが水の移動を妨げる。この現象をエンボリ

東大駒場キャンパスのシラカシ。

シラカシ　ブナ科コナラ属の常緑広葉樹。白樫。カシの仲間にはシラカシの他、アラカシ（粗樫）、アカガシ（赤樫）、ウラジロガシ（裏白樫）などがある。シラカシは材が白味を帯びているためにこう呼ばれる。シラカシは関東地方で最もよく目にするカシである。カシの仲間は材の比重が大きいために硬く、かんなの台や木刀などに用いられてきた。

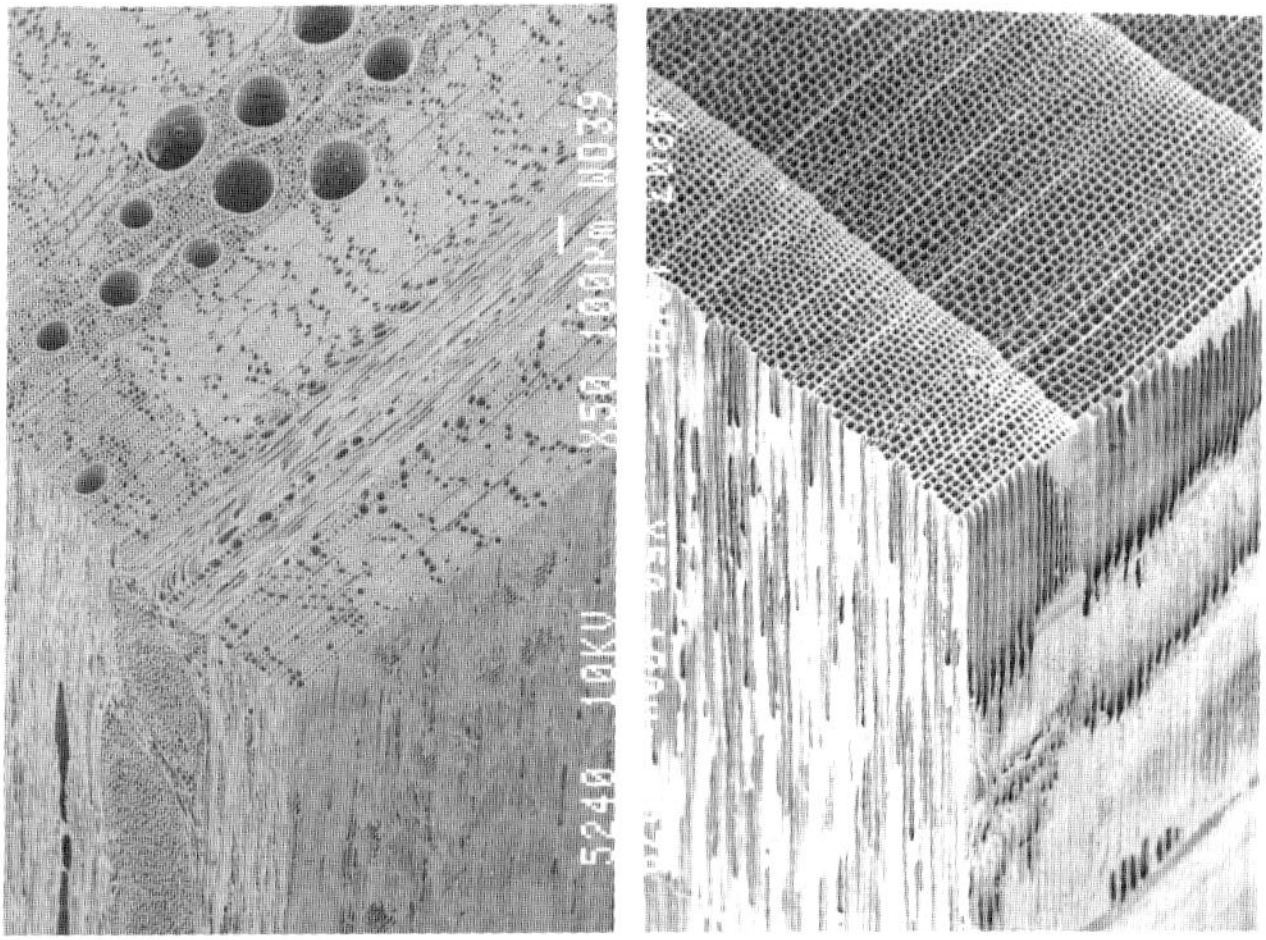

カシ（左）とシラビソの材。

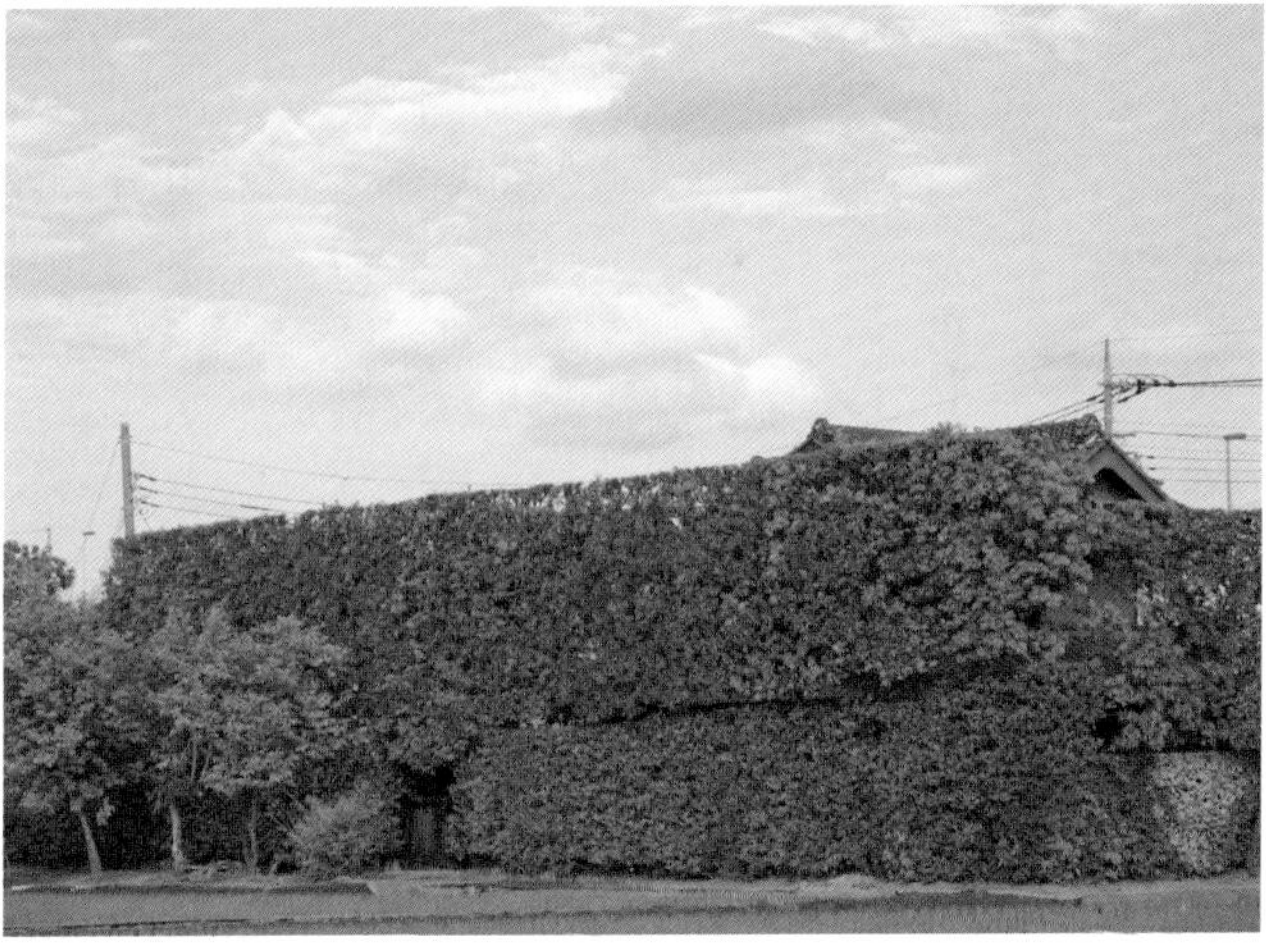
関東地方の防風林。

ズムという。冬でも葉を付けている常緑広葉樹にとって、水不足を引き起こすエンボリズムは致命的である。一方、細い仮道管には気泡が入りにくい。そのため、寒冷地では常緑針葉樹が分布しているのである。

一方、凍結しない環境ならば、道管をもつ被子植物は仮道管をもつ裸子植物よりも大量の水を吸い上げることができる。そのため、温暖な環境では被子植物である常緑広葉樹の成長がより速く、裸子植物である常緑針葉樹を淘汰してしまう。これが温暖な地域で常緑広葉樹が優勢な理由である。

中生代以降、常緑針葉樹は常緑広葉樹によって徐々に追い詰められてきた。しかし、常緑針葉樹はエンボリズムを回避できるという特性を持っていたために、寒冷地に安住の地を見いだした。ただし、これは常緑樹の場合であり、落葉樹ではそうはいかない。冬に葉がなければ、エンボリズムがおきても何の問題も生じない。そのため、落葉性の裸子植物には有利さがなく、現在ではそのほとんどが絶滅してしまった。ほぼ唯一の生き残りがあとで取りあげるカラマツである。

シラカシの分布する太平洋側の内陸だが、ここでは冬の最低気温が下がりやすい。これには次に述べる放射冷却が関係している。地球は入ってくるエネルギーと出て行くエネルギーのバランスがほぼとれている。太陽からやってくる光のエネルギーと同じだけのエネルギーが、光の仲間である赤外線として出て行くのである。放射冷却とは、地球から赤外線が出て行って気温が下がる現象だ。空気中に水蒸気が少ない場合、赤外線は何にも邪魔されずに宇宙空間に出て行く。乾燥した太平洋側の内陸部では赤外線が吸収されにくいため、強い放射冷却によって夜間に気温が低下するのである。

シラカシの低温に強いという特性を生かし、関東の人たちはシラカシを防風林として利用してきた。筆者が小さかった頃、家にはガラス戸がなかった。だから冬はとにかく寒く、北側と西側にある生け垣は不可欠なものだった。やがてガラス戸が家に入ると、寒さからは解放され、ガラス戸越しの日差しを楽しめるようになった。この頃になると、シラカシは役目を終え、現在ではシラカシの防風林を見ることは少なくなった。

アコウ　Ficus superba

筆者の担当する学生実習は屋久島で行われていた。十年以上も続いただろうか。屋久島を選んだのは、暖温帯から冷温帯にかけて、手つかずの原生林が残っていたからである。暖温帯の常緑広葉樹林で行われる実習のハイライトはアコウの木に登ることだった。アコウの気根は、ホストの幹の上にネット上に張り巡らされる。これを梯子のように使えば、誰でも林冠と呼ばれる林の最上部に到達できるのである。

アコウが発芽したと思われる場所まで登ると、ホストの幹があったはずの場所は空洞となっていた。空洞をのぞき込むと、そこには新たな気根が下に向かって伸びていた。空洞となるのは、枯死したホストが腐朽菌によって喰い尽くされるからだ。ホストが展開していたはずの枝もなくなっており、そこには存分に光を受けたアコウの枝が広がっていた。

屋久島の常緑広葉樹林で見かけたアコウの巨木。

アコウ　クワ科イチジク属の常緑広葉樹。榕。種子は果実を食べた動物によって散布される。樹木の枝分かれ部分には水や落ち葉の溜まることがあるが、こうした場所がアコウの発芽適地である。発芽したアコウは地面に到達するまで気根を伸ばす。その後気根は縦横に張り巡らされるため、アコウにとりつかれた樹木は肥大成長ができなくなって枯死する。そのため、アコウは絞め殺しの木とも呼ばれる。

こうしたアコウの生き方を見ると、学生たちはその賢さに驚く。しかし、そこに至るまでに大半のアコウは死んでしまっていることも知らねばならない。アコウはイチジクに似た小さな果実をつけ、それを食べた動物によって種子が散布される。最初の障壁は、糞に含まれた種子が樹木の上に落ちるかどうかである。この確率はかなり低いはずだ。うまく樹木の上に落ちても、その場所が問題である。洞になって水や有機物がたまったところでないと、アコウは成長することができない。その上、その場所が低すぎればホストを絞め殺しても光を十分には受けられないし、高すぎれば気根は地上に到達できない。他人の褌で相撲を取るというアコウの生き方にも苦労は絶えない。

アコウの樹上では時々、ヤクザルと鉢合わせする。ヤクザルはアコウの果実を食べにくるのだ。筆者は長い間、ヤクザルとアコウは相利共生の関係にあるのだと信じてきた。しかしあるとき、ヤクザルがヤマモモの果実を食べるために枝を折っているのを見た。この瞬間、自分の愚かさに気づいた。種子を散布してくれたとしても、枝を折られてはまずいのである。

枝先につく赤い小さな果実は本来、鳥類に食べてもらうように進化してきたものだ。鳥類は赤色を果実だと認識できるし、体が軽いので枝を折ることもない。こんな蜜月を破壊したのが私たち霊長類である。哺乳類は赤色と緑色を識別できなかったのだが、数千万年前に霊長類におきた突然変異により、彼らは赤色を認識できるようになった。それによって鳥類のために作られてきた果実は霊長類の食べ物ともなり、体の大きな彼らは枝を折って果実を食べるようになったというわけだ。南西諸島でニホンザルの仲間が生息しているのは屋久島だけである。サルのいない屋久島以外の島に生きるアコウの方が少しは幸せなのかもしれない。

アコウの枝（左）とホストが枯死して空洞になった気根。

ヤマモモの果実を食べるヤクザル（左）と好物のアコウの果実。

75 ヤマグルマ Trochodendron aralioides

ヤマグルマの樹皮からは粘着力の強いトリモチが採れる。トリモチは名前の通り、主にモチノキから作られた。モチノキのトリモチはシロモチ、ヤマグルマのトリモチはアカモチという。以前は小鳥を捕獲するために使われていたが、今は使用が禁止されている。

ヤマグルマは不思議な進化をした植物だ。その進化の歴史を辿りながらヤマグルマを紹介していこうと思う。

古生代、藻類から進化した植物が陸上に進出した。その後、植物はシダ植物、裸子植物へと進化していった。陸上の植物には葉に水を送るための管が必要だ。シダ植物と裸子植物では仮道管とよばれる非常に細い管が水を通すために使われる。恐竜が隆盛を極めた中生代になると被子植物が出現し、これは道管という太くて水を効率的に通す管を持っていた。被子植物は主に道管を作るが、仮道管を作る能力も維持している。

理学部の生物学科では毎年、日光植物園と日光白根山で野外実習を行う。植物園には何本かのヤマグルマが植栽されている。私の学年を担当された先生は「ヤマグルマには仮道管しかないため、裸子植物から被子植物への進化の途中にある原始的な被子植物だと考えられている」とおっしゃっていた。印象深い話だったのではっきりと覚えている。

その後、遺伝子を使って進化の道筋を明らかにできるようになった。それによって作られた系統樹を分子系統樹という。分子系統樹は、ヤマグルマは原始的な被子植物ではなく、比較的新しい被子植物であることを明らかにした。このことは、ヤマグルマは一度獲得した道管を失い、仮道管だけを作るようになったことを意味している。

進化を説明する理論は二つある。一つは自然選択説であり、適応に有利な突然変異体が生き残ってきたというものだ。これはダーウィンに始まり、その後の生物学の発展によってより強固なものとなった。もう一つは中立説であり、適応に関係のない中立な突然変異は偶然によって集団中に広まったり消滅したりするというものだ。進化という言葉は誤解されやすいので念のために書いておくが、ある形質が集団中に広まることを進化という。中立説は木村資生《きむらもとお》が提唱した理論であり、分子系統樹は中立説をバックボーンとして作られている。

これらの進化理論は対立するものではないことに注意しよう。適応に関する形質は自然選択によって進化し、どうでも良い形質は偶然によって進化する。

ヤマグルマは主に寒冷地に分布している。東北地方では亜高山帯に属する場所でも結構大きなヤマグルマを見ることができる。このことはどちらの進化理論で説明できるのだろうか。仮道管は常緑高木が寒冷地で生き残るための鍵となっていることは覚えていると思う。ヤマグルマは仮道管に戻ることによって寒冷地に分布域を広げることができた。ヤマグルマの分布は自然選択によって説明される。

山好きな人はこんなことに気付くかもしれない。多雪地ではヤマグルマの近くにシャクナゲやアカミノイヌツゲも生育しているけど、これらは道管をもった常緑低木だよね、と。シャクナゲなどの道管は非常に細く、仮道管に似ている。道

たかつえスキー場のヤマグルマ。

ヤマグルマ　ヤマグルマ科ヤマグルマ属の常緑高木。山車。東アジアに分布する。日本では、山形県以南の本州、四国、九州、沖縄に分布する。葉が輪生するのでヤマグルマ（山車）と呼ばれている。寒冷地を中心に分布し、ときには亜高山帯でも見ることができる。屋久島のヤマグルマはヤクスギに着生していることがある。

ヤマグルマの輪生葉。

管であっても細ければかなりの寒冷地にも対応できる。しかもこれらは低木であり、冬の間は雪に埋もれていることも多い。ユキツバキのところでも紹介するが、植物にとっての雪は寒気を避けるための布団だと思って良い。シャクナゲやアカミノイヌツゲが寒冷地で生きていけるのは、細い道管と雪のおかげだ。

仮道管に先祖返りしたヤマグルマが再び道管を進化させることはあるのだろうか。被子植物は道管だけなく仮道管も作る。これは仮道管を作る遺伝子もきちんと機能していることを意味する。ヤマグルマでは道管を作る遺伝子のみが突然変異によって機能を失い、仮道管だけが作られるようになった。機能を失うことになった突然変異をピンポイントで修復することは確率的に難しい。この難しさを考えると、ヤマグルマは将来も仮道管だけで生きていくことになるのだろう。

一度失われた機能が復活した例として有名なのは、アコウのところで紹介した霊長類の視覚だ。赤と緑を識別できなくなっていた哺乳類の中で、霊長類だけが赤を見分けられるようになった。これはオプシンというタンパク質に起きた突然変異による。私達が赤を認識できるようになったことは、奇跡の大復活と言われるほど希有な出来事だった。

落葉高木

ブナ　Fagus crenata

　ある年の4月、群馬県の赤城山に出かけた。山頂で秋田県の大館から来たという山好きの中年女性たちに会った。秋田の山は雪が多い。そのため、冬から春までは雪の少ない太平洋側の山を登るのだそうだ。

「ブナはいつからこんなに偉くなったのかねぇ」「偉いのはスギの方だよ」。実際には秋田弁だったのだが、話の内容はこんなことだった。いつからブナは偉くなったのだろうか。おそらく、50年ほど前のことだ。

　ブナを山毛欅と書くこともあるが、これは葉に毛のはえた山のケヤキということであって、人間とブナの関係を表してはいない。ブナを一文字で表す橅の方が適切だ。そう、ブナは文字通り「価値の無い」木なのである。玩具や杓子などに使われているが、柱や家具として使われることは希《まれ》だ。狂いが出たり、耐久性に欠けたりするのである。炭としても火保ちが悪く、高値では売れない。だから

ブナの新緑（福島県要害山）。

ブナ　ブナ科ブナ属の落葉広葉樹。橅、山毛欅。日本の冷温帯を代表する落葉高木である。ブナは日本海側を中心に分布し、太平洋側にはイヌブナが分布することが多い。現在、ブナはブナだけで構成される純林を作ることが多いのだが、ブナ林の更新には不明な点が多い。ブナ林の林床ではブナの稚樹は健全な成長ができないため、ブナからブナへという更新は不可能である。ブナの純林は江戸時代に行われた伐採によって成立した可能性がある。

ったのであり、自然保護の象徴として持ち上げられてから偉くなった「雑木」だったのである。ブナが偉くなりかけた頃、中学生だった筆者は庭にブナの実生《みしょう》を植えた。ブナはその一生を観察した二種の樹木のうちの一つだ。もう一つはシラカンバである。ブナの寿命は300年ほどと考えられているのだが、もちろん私が300年も生きたわけではない。平地で育てたところ、30年ほどで枯れてしまったのである。枯れた原因は幹を虫に喰われたことだ。シラカンバも同じように喰われてしまったのだが、こちらはたった15年の命だった。寒冷地を本拠地とするブナやシラカンバが温暖な場所に進出できないのは、材を喰い荒らす虫のせいなのかもしれない。ただし、観察例が少なすぎるのであまり自信はない。

さて、今では人気のあるブナだが、ブナ林の魅力の一つは明るさだろう。ブナ林の中につけられた登山道を歩く限り、ブナの明るい林は開放感に富む。暖地の常緑広葉樹林や寒冷地の常緑針葉樹林、そしてスギやヒノキの人工林の暗さとは好対照だ。しかし、その明るさには罠が潜む。明るければササや低木などが林床で成長する。そのため、登山道を外れると地獄の藪漕ぎが待っていることが多い。

対照的に、常緑針葉樹の多い場所の藪漕ぎは楽だ。暗すぎて下生えがほとんどないのである。たとえブナ林の林床に他の植物がなかったとしても、ブナの稚樹がそこで成長することはできそうもない。ブナの稚樹が確実に成長できるのは、地滑り跡や、常緑針葉樹のヒノキアスナロやスギが倒れたあとにできるギャップという明るくて何も生育していない場所だ。

ただし、ライバルたちもそこを狙っている。ミズキ、トチノキ、ホオノキ、カツラなどの落葉高木の成長はブナよりも速い。ギャップでこれらの落葉樹が発芽し成長すると、ブナは生きていく場所がなくなるのである。明るい場所での成長はそこそこでしかなく、暗い場所には弱いというブナが、どのような環境を本来の生育地としているのだろうか。これを明らかにすることが今後の課題だ。また、現実には、成長の速い他の落葉樹はブナよりもずっと少ない。これも謎なのである。ブナを含む落葉高木の戦略に関してはまだまだ研究が必要である。

ところで、ブナは数年に一度、かなり広い範囲で一斉に開花する。一斉開花はブナに限らず、バイケイソウのような草本から、熱帯の樹木など様々な植物に見

地滑り跡に一斉に発芽してきたブナの芽生え。

られる現象だ。一斉開花については、その仕組みと適応における意義について様々な説が提出されてきた。熱帯の一斉開花は多くの種で一斉におきる。これは何かしらの物理的環境の変化が引き金になっているらしい。しかし、温帯では全種が一斉に開花することはない。具体的には、同じような場所に生育するミズナラとブナの開花は必ずしも同調しないということだ。温帯では引き金が一つというわけではない。現状では、温帯での引き金を見つけることは難しい。

一斉開花の仕組みを明らかにすることは難しそうだが、適応における意義もそ

ブナ林の秋（福島県要害山）。

う単純ではない。最も単純な仮説は、同調していないものは他の個体の花粉が得られないので繁殖に不利だ、というものだ。しかし、この説明は少々短絡的だ。ブナのように個体数の多い樹種の場合、全個体の10％程度の個体が開花すれば、花粉は足りる。このケースでは開花は同調しなくてもよいのだが、それでもブナは同調するのである。

もう少し確からしい仮説として、捕食者飽食仮説を紹介しておきたい。一斉開花の年以外にもごく少数の個体が開花する年がある。ブナの場合、こうした年にできた実はほとんどが虫に喰われてしまい、中身の詰まっていないシイナとなりがちだ。それに対し、一斉開花の年にできた実には結実しているものが多い。捕食者飽食仮説とは、開花しない年を作ることでブナの実に特異的な捕食者を減らし、開花する年には捕食者に喰い尽くされないほどの実をつけることで種子の生存率を上げるというものだ。少なくともブナに関してはかなり説得力のある説明だ。

最後に、イヌブナについても書いておこう。日本海側に多いブナは、樹皮が白っぽいのでシロブナとも呼ばれる。これに対し、太平洋側に多いイヌブナはその黒っぽい樹皮からクロブナとも呼ばれる。イヌブナはその根元からひこばえを出すので、幹が何本にも分かれることがある。生物学的に見れば、ブナとイヌブナに優劣はなく、単に適応している環境が異なるだけである。しかし、黒っぽくてざらざらしたイヌブナの樹皮は、白くて滑らかなブナの樹皮よりも見劣りする。このため、イヌブナはブナと違って人気がない。「色白は七難隠す」とは日本人にとっての不変の真理なのかもしれない。

ダケカンバ　Betula ermanii

カバノキの仲間で一番有名なのはシラカンバ（白樺）だと思う。本州中部の場合、シラカンバは標高1000m付近に分布する。北海道なら低地にも生育している。ここならば自動車道路や鉄道からもその白い樹皮がよく見える。シラカンバよりも標高の高い場所に分布するのがダケカンバだ。自分の脚で登らないとダケカンバには会えない。だから知名度は低い。しかし、生態学的にはダケカンバの方が面白い。

ダケカンバが分布する亜高山帯の夏は短い。標高2000mを越えた山の場合、落葉樹が葉を維持できる期間はせいぜい3カ月程度だ。ダケカンバはそこでどのように成長していくのだろうか。あるいは、ブナはどうして亜高山帯に分布できないのだろうか、という質問にしても良い。

落葉樹が成長するためには、葉を作るのに使った有機物以上の有機物を落葉ま

伐採跡で成長するダケカンバ。

ダケカンバ　カバノキ科カバノキ属の落葉高木。和名の岳樺は山岳のカバノキという意味であり、シラカンバよりも標高のある場所に生育することから名付けられた。シラカンバとダケカンバの分布する標高がどのような理由で異なっているのかについてはわかっていない。亜高山帯の落葉樹はダケカンバが大半を占め、モミ属やトウヒ属、ツガ属の常緑針葉樹と混交林を作る。

でに作り出す必要がある。植物は葉以外にも茎や根を作らなければならない。そのため、葉を作るのに使った有機物を作り出すだけでは成長できない。さらに2倍、あるいは3倍の有機物を作り出す必要がある。

初夏の亜高山帯混交林。

夏の短い亜高山帯で成長する方法は二つある。一つは薄い葉を作り、できるだけ多くの光を吸収することだ。もう一つは葉の窒素濃度を高め、吸収した光を効率的に有機物に変換することだ。窒素濃度が高いということは光合成に必要なタンパク質の量が多いということであり、これによって光合成の能力が上がる。

ダケカンバの葉は薄く、窒素濃度は高い。ダケカンバは短い夏でも成長できる性質を進化させ、標高の高い場所でも生きられるようになった。

ダケカンバはどのようにして葉の窒素濃度を高

めているのだろうか。ダケカンバは窒素固定能力を持っていないため、窒素は根が土壌中から吸収したものだ。根の栄養吸収能力は根が細いほど高くなる。細い根は同じ重さならば太い根よりも表面積が多くなるためだ。実際、ダケカンバの根は細い。

亜高山帯の短い夏でも成長できるダケカンバだが、それに付随して失ったものもある。薄くてタンパク質の多い葉は虫に喰われやすく、細い根は微生物のアタックに弱い。そのため、低地に下ろしたダケカンバは食害によって葉を失いやすく、幹の寿命も短くなってしまう。札幌にある北大植物園ではダケカンバを育成することに苦労しているという。札幌では葉に虫がつきやすいのだそうだ。日光植物園でもダケカンバの寿命は短い。

一方、ブナの葉は落葉樹の中では厚めで、窒素濃度は低い。そのためブナが亜高山帯で生きていくことは難しい。ブナは厚い葉を作り、標高の低い場所に多く生息する植物食の動物に対抗しているのだろう。また、根は太くて栄養の吸収能力は低い。ブナは太い根を作り、それによって気温の高い低地で活発となる微生物のアタックに抵抗している可能性がある。ブナはダケカンバよりも少し標高の低い場所で生き抜くための性質を進化させたと考えるのが良さそうだ。

トウヒの項（41頁）で書いたダケカンバの樹皮について少々補足しておこう。若くて細いカンバの幹は薄い茶色の美しい樹皮で覆われているが、ある程度大きくなると灰色で鱗状に剥がれ始める。写真（90頁）のダケカンバの樹皮は既に色が変わっている。アカマツも大木になると樹皮は黒っぽくなる。樹種によってはこのように樹皮の色や形状が変化するようだ。その理由はわかっていない。

亜高山帯の秋は足早にやってくる。そのとき、山は常緑針葉樹の深い緑とダケカンバの鮮やかな黄葉に覆われる。黄色い色素は脂溶性のカロテノイドと考える人も多いのだが、かつて卒業研究に来た学生がその色素は水溶性であることを指摘していた。最近になって黄色の色素を専門家に分析してもらったところ、黄色は水溶性のフラボノイド類の色であることが明らかになった。紅葉に含まれるアントシアニンもフラボノイドであり、赤や黄色の鮮やかな錦秋はフラボノイドの色だったのである。

コナラの仲間　Quercus serrata

　草本の種子には長命なものが多い。それらは数十年もの間、埋土種子として発芽の機会を待っている。何を持っているのかというと、樹木が倒れてできる明るい環境だ。一方、樹木の種子の寿命は短く、ほとんどの種子が実った翌年には発芽してくる。樹木の場合、好適な環境は種子の散布される範囲に常にあるため、長年にわたって発芽の機会を待つまでもないのだろう。

　ドングリを作るブナ科の樹木の場合、秋に実ったドングリは翌春に発芽する。しかし、この半年でさえ生き抜けないものが多い。ある年の春、シラカシの実生を使う実験を思いついた。そこで、土地勘のある関東地方の神社にそのドングリを集めに行った。案の定、シラカシの根元には大量のドングリが落ちていた。これを発芽させようとしたのだが、いつまでたっても発芽しない。ドングリを割ってみると、すでに死んでしまっているではないか。シラカシのドングリは、関東

関東では低地から丘陵までコナラの二次林が多い。

コナラ　ブナ科コナラ属の落葉広葉樹。小楢。コナラは平地に分布し、標高の高い地域にはミズナラが分布する。コナラとミズナラは高木である。コナラの葉には葉柄《ようへい》があり、ミズナラの葉には葉柄がない。山岳地帯の稜線上や雪崩の頻発する斜面にはミヤマナラと呼ばれる落葉低木が分布するが、遺伝的にはミズナラに非常に近い。これらはミズキやホオノキほど成長は速くないが、かといって暗い林床で成長できるわけではない。コナラの仲間は、ブナと同様、その戦略に不明な点が残る。

の冬の乾燥に耐えられなかったのだ。

コナラが冬を生き抜くために採用した方法は独特だ。秋に落下したドングリはすぐに根を伸ばす。これならば冬の間にも乾燥で死ぬことはない。多雪地のブナやミズナラは根を伸ばさないようだが、雪がドングリを乾燥から守ってくれるのだろう。もしかすると、雪の少ない地方に分布するシラカシのドングリは、動物によって土に埋めてもらうことで冬を越すのかもしれない。

コナラのドングリが伸ばした根はどこまで伸びていくのだろう。高校の教科書に依拠すれば、根は土の深いところまで伸びていくはずだ。重力屈性といって、根は重力の方向に伸びることになっているのだから。確かに、発芽したての根は下の方に伸びていく。しかし、大木となった樹木の根は土の浅い部分にしか分布していない。コナラに限らず日本産の樹木の根は、基本的に深さ30㎝までの層に分布するのである

その理由はおそらく栄養の吸収のためだ。土を掘ってみると、表層に近い部分は黒く、深い部分は茶色いことがわかる。黒い部分には、腐植と呼ばれる有機物

が多く含まれている。この黒い層にはカビなどの菌類や細菌類微生物が多く生息し、有機物を分解して無機物を作り出している。ここで作り出された無機窒素は植物の成長にとって不可欠な養分であり、根は無機窒素を吸収するために表面近くの黒い層に形成されるのである。

なぜ無機窒素が植物にとって重要なのかというと、窒素がタンパク質の重要な構成成分となっているためだ。「植物にタンパク質があるの？」という疑問が生じるかもしれない。しかし、地球上に最も多く存在するタンパク質は、植物のもつルビスコというタンパク質だ。ルビスコは光合成に関係するタンパク質であり、極論すれば、このタンパク質を作るために根は窒素を吸収しているのである。

葉柄のあるコナラ（左）と葉柄のないミズナラ。

多雪地に分布する矮性のミヤマナラ。

クリ　Castanea crenata

ブナ科の植物は堅果を作り、これは一般にドングリと呼ばれる。クリの作る栗の実もこの仲間に入る。いろいろなドングリを食べ比べてみたところ、やはり栗の実が一番食べやすい。ブナやシイのドングリもえぐみがなくてそのまま食べられるが、栗の実にはかなわない。コナラやミズナラのドングリは渋くて論外だ。

縄文時代、人は狩猟と採集によって食糧を調達していた。しかし、植物の栽培を行わなかったわけではない。縄文時代の遺跡の周囲にはクリを植栽した痕跡が見つかるという。どういった理由でクリが重宝されたのだろうか。ここではクリとブナの生態的な特徴を比較しながら、クリが縄文人に愛された理由を探ってみたい。

まず、樹木が発芽後何年経ったら実をつけ始めるべきか、という問題から始めよう。スギのところで議論したことの復習である。生物は一生の間に最も多くの子を残せるようなスケジュールを進化させてきた。そのスケジュールには繁殖せずに自分自身を大きくしていく幼年期が必ず存在する。その後、繁殖するステージへと移行する。このスケジュールは、動物でも、1年以内に枯死する一年草でも、数千年も生きるヤクスギでも変わらない。ただ、一年草では数カ月の幼年期しかないのに対し、スギのような長命の樹木には数十年もの幼年期がある。

実を採るために栽培するなら幼年期はできるだけ短い方が良い。そう考えれば一年草が最良であり、実際、作物はほぼ一年草だ。では、樹木を使うなら何を選ぶべきだろうか。そこで思い出すのが桃栗3年である。野生のクリが3年で実をつけることはなさそうだが、それでも幼年期は高木にしては短い方だ。ブナの幼年期は20年以上ありそうなので、早く実をつけるクリが優秀だ。

毎年安定して実をつけてくれることも大切だ。多くの樹木には隔年結果という現象が見られる。毎年実をつけるわけではなく、数年に一度しか結実しないという現象だ。隔年結果が見られる種は地域毎に一斉開花することも知られている。

ブナの場合、下手をすると結実の間隔が5年以上になることもある。それに対し、クリはそれほど顕著な隔年結果を示さない。年によって多少収穫量は変わるが、ブナに比べれば安定して実をつけてくれる。この点でもクリは優秀だ。

さらに、木材として利用することを考えてもブナよりはクリだ。クリの材は鉄道の枕木として使われたほどの耐久性をもつ。それに対し、ブナの材には耐久性がない。青森の三内丸山遺跡では巨大なクリが構造材として使われていた。

ただし、私はクリが耐久性の高い材を作る意義を理解できていない。短い幼年期をもつ樹木は基本的に寿命が短い。クリは明るい場所で急速に成長するが、早くから繁殖するために成長は頭打ちとなる。成長が止まれば後発の種に負けて枯死する。だからクリの材は高い耐久性を持たなくても良い。こう考える方が自然だと思う。しかし、現実には高い耐久性がある。どこかに私の見落としがあるはずだ。それを探すのも楽しい。

縄文時代から利用されてきた栗の実ではあるが、改善を美徳とする日本人が野生の栗の実で満足するわけがなかった。さらに大きくなれば加工の手間が省けると思ったのだろう。大きな実をつける突然変異体を探し出しては栽培し、さらに

大正天皇御帽子掛のクリの木（日光植物園）。

クリ　ブナ科クリ属の落葉高木。栗。クリ属の植物は北半球に広く分布している。日本に自生するクリはシバグリともよばれ、栗の実は栽培品種よりもかなり小さい。栗の実はサルやクマの好物であり、クマはクリの木に登って実を食べることがある。栗の実は細い枝に実るため、クマは枝を折って実を食べる。折った枝を敷き詰めることで樹上に熊棚ができる。

シバグリのイガ。

大きな実をつける突然変異体を選び出すという作業を長年続けてきた。その結果、スーパーに並ぶ栗の実は大きいものばかりとなった。

問題なのは大きくなった栗の実の味だった。子供の頃、私の家に植えられていたのは利平という品種だった。大きさはそれほどでもないが、天日干ししたものは驚くほど甘く、そして香りが良かった。

江戸時代、サツマイモを「九里よりうまい十三里半」と呼んだという。しかし、利平なら余裕でサツマイモに勝てる。利平しか知らなかった私は、クリは全て甘いものだと思っていた。大学に入学した年の秋、東京で大きな栗の実を買った。大きな利平ならそれに越したことはない。そんな期待は一口目で裏切られ、何の甘みもない栗の実に愕然とした。これでは単なるデンプンの塊でしかない。それ以来、大きな栗の実には手を出さないようにしている。

中国の栗の実は小さいが甘い。利平は中国のクリとの交配によって甘さを手に入れたという。それが特殊な例だったとすると、日本人は栗の実をお菓子ではなく、カロリーを得るための主食として利用してきた可能性が高い。クリを通して私たちの歴史が垣間見える。

ケヤキ　Zelkova serrata

ケヤキは落葉樹の中で、唯一構造材（柱）にまで使われる。とにかく木目が美しい。川崎の日本民家園には総ケヤキ造りの家があるのだが、今造ったら何億かかるかわからないほどの豪邸だ。ケヤキ作りの家は買えないが、もう少し小物ならば何とかなる。筆者はケヤキでできた臼を買った。これは二代目である。初代は亡き祖母が結婚した頃に入手したということなので、80年ほど使ったらしい。初代があまりにみすぼらしくなったので、最近二代目に買い換えたというわけだ。値は張ったのだが、この先何代にもわたって使えるのだから安い買い物なのかもしれない。問題は、子供たちに餅つきの作法がうまく伝わっていないことだ。

筆者は子供の頃から植物を育てるのが好きだったのだが、稚樹から高木になるまで世話をしたのはブナとケヤキ、そしてシラカンバだけである。ケヤキは中学の友人の家から貧弱な苗を抜いてきて植えたものだ。このケヤキだが、秋になる

孤立木だとケヤキの樹形の特徴がよくわかる。

ケヤキ　ニレ科ケヤキ属の落葉広葉樹。欅。落葉広葉樹の中では最も利用価値の高い材を作る。その一つの理由は木目であり、太い道管が集まることで美しい木目が形成される。山の中ではなかなか目にすることができないが、有用性故に伐採されてしまったことによるのかもしれない。

木目が特徴のケヤキのお盆。

著者が 50 年前に植えたケヤキ。

と赤く色づくので、造園業者から売ってほしいといわれたことがある。結構良い値がついたのだが、思い入れのある木なので、丁重にお断りすることにした。その後、隣家に迷惑がかかるほど大きくなってしまい、町の公園に寄付することになった。時々見に行くとさらに大きくなっていて、何だか誇らしい。

筆者のケヤキは紅葉が売りなのだが、一般には木目の美しさがケヤキの最大の特長だ。ケヤキの木目をよく見ると、結構太い穴が見える。これは水を通す道管だ。ケヤキのように太い道管がまとまって存在しているものを環孔材とよぶ。肥大成長をはじめる春先に太い道管ができ、その後は細い道管や繊維ができる。この太い道管の部分が美しい木目を作っている。他に、ミズナラなども環孔材を作る。樹種によっては木目が見えない。これは細めの道管が一面に分布しているためだ。散孔材といい、ブナやカエデなどが散孔材を作る。

スギやヒノキなどの針葉樹はごく細い仮道管を作るので、環孔材のような太い道管による木目は生じない。その代わり、一年の肥大成長の最後の頃に濃い色をした材（晩材）を作るため、これが木目として見えている。一方、春先に作る材は早材とよばれる。

ケヤキは街路樹などによく使われるため、町中ではよく見ることのできる樹種である。しかし、自生しているケヤキを見る機会は少ない。筆者の場合、自生しているケヤキに初めて会ったのは、学生時代、谷川岳の山麓でのことだった。おそらく、自生のケヤキはその有用性ゆえに伐採され、ほとんどが失われてしまったのだろう。

初めて自生のケヤキを見たとき、その樹形が町中のものとかなり違っていることに驚いた。植栽されたケヤキは他の個体との競争がおきないため、106頁の写真のように、ボールのような樹冠をもつ。一方、森林の中で競争にさらされているケヤキは箒のような樹冠をもつ。ケヤキの盆栽は「箒立ち」という樹形にするらしいのだが、これは自然の中のケヤキを模したものなのだろう。盆栽を愛する人たちの自然観察眼は鋭い。

カエデの仲間　Acer palmatum

日光は紅葉が美しい場所なのだが、本音を言えば、京都には負ける。京都には色づきの良い園芸品種が植えられている上、紅葉にとっての大敵である氷点下の寒波がやってこないという有利さがある。落葉樹の葉は寒さに弱いため、紅葉前に寒波がやってくると黒く壊死してしまい、紅葉しないのである。数年に一度、日光の紅葉は残念な結果となる。

一般に、紅葉の主役といえばカエデ（＝モミジ）である。紅葉狩りを「もみじがり」と読むように、カエデが大切なのである。カエデの少ないヨーロッパの秋はただ茶色なのだそうだ。一方、北アメリカ大陸北部の紅葉は美しいらしい。そういえばカナダの国旗はサトウカエデが紅葉しているように見える。

葉が秋に赤くなったり黄色くなったりするのは種に依存する。また、光が強いか弱いかという環境によっても異なる。どちらの場合でも植物にとって重要な部

高知県馬路村魚梁瀬のカエデ。

カエデ　ムクロジ科カエデ属の落葉広葉樹。楓、槭。以前はカエデ科だったが、分子系統学の発展によりムクロジ科に含まれるようになった。イタヤカエデやオオモミジのような高木種も多いが、背の低いうちから繁殖に入るという低木のような性質をもった種もみられる。

分、つまり緑色がなくなるという点では同じだ。紅葉や黄葉は、葉からタンパク質などのリサイクル可能な物質を回収した結果としておきる。緑色の元になっているクロロフィルを分解し、枝に回収する結果として、葉の色が緑色から赤や黄色に変わるというわけだ。

赤くなる紅葉は鮮やかに赤くなる前に一瞬、紫というか茶色に見える時期がある。これは緑色の葉の表面に赤い色素であるアントシアニンができたためだ。この時期、緑と赤が混ざって紫がかった茶色に見えるのである。茶色っぽく見えるから今年の紅葉はおかしいね、と思うこともあるだろう。しかし、そのあとで緑色のクロロフィルが分解されてきれいな赤に変わる。なぜアントシアニンを作るのか、ということについてはいくつかの説がある。

進化生物学の大御所だったハミルトンは晩年、紅葉は自分が元気で防御力が強いから喰えないぞというアピールだ、と言っていたらしい。しかしこれは明らかに眉唾だ。赤くなった葉からはすでに栄養となるタンパク質が回収されていて、食べても何にもならないからだ。また、赤ければ喰われないのなら、全ての葉が無理をしてでも赤くなるはず。でも黄色い葉も多いのである。他には、葉の付け根に離層ができてしまうと、葉で作られた糖が行き場をなくし、アントシアニンになるという説もある。これもおそらく却下される。紅葉の時期、葉ではアントシアニンが作られてから、タンパク質が分解されて回収される。これは、アントシアニンが合成されるとき、葉と枝とは十分に物質のやりとりができていることを意味している。糖に行き場はあるのだ。

残った仮説は、「タンパク質を回収するとき、葉は強い光に弱くなるので、強い光が葉の内部に入らないように赤色のサングラスをかける」というものだ。実際にこれを確かめるのは難しい。紅葉する植物は葉の表側にアントシアニンを作るので、紅葉の時期に裏から強い光を当ててみることにした。そのときに細胞の機能が失われ、タンパク質の回収が滞ればこの仮説は強力なものとなる。そこで、キンシバイという植物の枝をねじり、裏側から太陽光が当たるようにしてみた。すると、今度は日の当たる側となった葉の裏側に赤い色素ができてしまったのである。研究室のメンバーには「先生より植物の方が賢いわー」と冷やかされ、結

ハウチワカエデの紅葉。

オオモミジの黄葉。

構落胆した。でも、強い光が当たるところにアントシアニンを作ることはわかったので、まったく無意味な実験というわけではなかった。

では、黄色い方の黄葉の意義は何なのだろうか。黄色い色素がフラボノイドというアントシアニンの仲間であることがわかったので、これもサングラスの一種として機能しているのかもしれない。

ところで、植物の系統分類に昔から馴染んでいる人にとって、カエデがカエデ科からムクロジ科に移ったことは驚きだったのではないだろうか。スギもスギ科からヒノキ科になったし、キリはゴマノハグサ科から独立してキリ科となった。これは、DNAの塩基配列の類似性によって生物を分類するという、分子系統学が分類学の主流となったからである。分子系統学では、塩基配列が似ていれば最近になって種が分かれたものだし、似ていなければ大昔に分かれたものということになる。

日本人の歴史も塩基配列の分析によって明らかになってきた。最近の研究によれば、現在の日本人は1万年以上前に日本列島にやってきて縄文人となった人たちと、3000年ほど前に朝鮮半島を経由してやってきた弥生人の混血である。縄文人の祖先と考えられる人たちは東アジア全体に分布していたらしく、どこからやってきたかということについてはまだ決定的な証拠はないのだという。

遺伝子による解析以前、日本人が単一民族起源ではないことに気づいた人たちがいた。その一人が芸術家の岡本太郎氏だ。彼は東北地方の取材旅行を通して、日本の文化は雅な京の文化と土俗的な文化の二重構造をもつことを確信したのだという。土俗的なのは縄文文化であり、雅な方は弥生文化である。若き日の彼がパリのソルボンヌ大学で文化人類学を修めていることを考えれば、その確信が単に直感だけに拠ったものではないことがわかる。晩年、「芸術は爆発だ」というようなエキセントリックな発言だけが一人歩きしていたのが惜しまれる。

オオヤマザクラ　Prunus sargentii

日光植物園には日本に自生する全てのサクラが植栽されている。それらの中で一番華やかなのがオオヤマザクラである。似た名前を持つヤマザクラは白あるいは薄いピンク色の花を咲かせ、開花と同時に開葉する。それに対し、オオヤマザクラの花はヤマザクラよりも色が濃く、開花してから開葉するので見栄えが良い。世界中で植栽されているソメイヨシノは花付きが良いというだけでなく、花が葉に先立つ性質が好まれているように思う。

古代より奈良県の吉野はサクラの名所とされてきた。吉野のサクラは基本的にヤマザクラだという。ヤマザクラの場合、近寄ってしまうと花よりも葉が目立ってしまう。だから山全体を覆うヤマザクラを遠くから眺める方が良い。西行の和歌に「願わくは花の下にて春死なむそのきさらぎの望月のころ」がある。この花はヤマザクラである。西行が華やかなソメイヨシノやオオヤマザクラを知っていたらどう詠んだだろうか。死というよりも生への希求を歌に込めたかもしれない。サクラの仲間は自家不和合性であり、自分の花粉では受精できない。他個体ならば同種だけでなく、他種のサクラの花粉でも受精するため、雑種ができやすい。雑種ができやすいという性質があったため、サクラには多くの栽培品種ができた。江戸時代末期に発見されたソメイヨシノもその一つであり、栽培品種の数は数百にもなる。雑種である栽培品種は種子で増やすことができない。種子はできるのだが、親とは性質の異なる子供ができてしまうためだ。そのため、園芸品種は接ぎ木によって増やされている。接ぎ木で増やすということは、ある品種の個体全てがクローンであるということを意味している。日本のソメイヨシノも、アメリカのポトマック河畔のソメイヨシノも遺伝子は全て同じである。

ソメイヨシノが全てクローンであるということを聞いた方から次のような質問を受けた。クローンであるということは、全ての個体が同時に老化して一斉に枯死するのではないか。動物の場合、個体は老化して必ず死に至る。これは有害な突然変異の蓄積による可能性が高い。しかし、植物では動物のような老化が見ら

残雪に映えるオオヤマザクラ（新潟県巻機山山麓）。

オオヤマザクラ　バラ科サクラ属の落葉広葉樹。大山桜。関東ではヤマザクラよりも標高の高いところに見られる。日本に自生するサクラは、基本的に10種とされている。これらは雑種を作ることができるため、それを利用して多くの園芸品種が育成された。ソメイヨシノはオオシマザクラとエドヒガンの雑種であり、接ぎ木によって増やされている。写真は新潟県巻機山山麓のオオヤマザクラであり、ヤマザクラの花よりもピンク色が強い。

れることはなく、枯死は菌類による幹の腐朽による場合が多い。そのため、腐朽することがなければ樹木は何百年も何千年も生きることができる。

なぜ植物には動物のような老化が見られないのだろうか。植物細胞にも突然変異が起きることはわかっている。突然変異の中には必ず有害なものが含まれている。それでいながら老化しないということは、有害な突然変異を排除する仕組みがあるはずだ。しかし、それについてはまったく研究が進んでいない。

また次のような質問を受けたこともある。サクラでは結実する花が少ないのはなぜなのか。ある大学院生が野生のサクラの結実率を調べたところ、せいぜい5%程度だった。これは花粉が足りないからではなく、自家不和合性の植物が一般的にもつ性質である。自分の花粉では受精しない場合、自分の遺伝子を残すための方法は二つある。一つは自分の遺伝子を半分だけ持つ種子を作ることであり、もう一つは花粉を使って他個体の種子

ウワミズサクラ

の中に自分の遺伝子を注入することだ。前者はメスとしての機能であり、後者はオスとしての機能と考えて良い。自家不和合の場合、種子を作るメス機能だけでなく、花粉を作るオス機能を充実させることが自分の遺伝子を効果的に残す方法となっている。そのため、サクラの花の大半は花粉のみを作る雄花として機能する。ただし、花を見ただけでは雄花なのかどうかはわからない。形だけとはいえ、めしべもあるからだ。

以前、サクラの仲間は全てPrunusという属に含まれていた。これを広義のサクラ属という。研究が進んだ結果、オオヤマザクラなどは狭義のサクラ属であるサクラ亜属Cerasusとなり、写真にあるウワミズザクラなどはウワミズザクラ亜属Padusとなった。

ミズキとヤマボウシ　Cornus controversa & Cornus

春先、折れたミズキの枝先からは水がぽたぽたとしたたり落ちる。これはどのような仕組みによるのだろう。ここでは植物が水を吸い上げる二つの方法を紹介しよう。

一つは、葉の細胞のもつ浸透圧で水を吸い上げる方法だ。多くの植物ではこの仕組みで水を吸い上げる。葉の細胞がぱんぱんになるまで膨らんでしまうと水は吸い上げられなくなる。

もう一つは、根圧といわれるものだ。実際には根に圧力がかかるわけではない。根の細胞が道管や仮道管の中にイオンや糖などを放出すると、管内の浸透圧が高まり、土の中から水が道管や仮道管に入ってくるのである。ヘチマの茎を切ると水があふれてくるが、これが根圧による吸水である。カナダのサトウカエデは道管の中に蔗糖を放出することで水を吸い上げる。この道管液を濃縮するとメープ

枝が層状に広がるのがミズキの特徴である。

ミズキとヤマボウシ　ミズキ科ミズキ属の落葉広葉樹。ミズキ科の高木はカツラ、ホオノキ、トチノキなどとともに典型的な陽樹であり、攪乱跡地《かくらんあとち》を生育地とする。ヤマボウシやアメリカハナミズキもミズキの仲間であり、これらは花弁の代わりに葉の変形した総苞片《そうほうへん》をもち、これによって訪花昆虫に花の位置を知らせる。

左 ミズキの花／中 ヤマボウシの仲間／右 ハンカチノキ

1年に1mほど伸長しそこから枝を広げていく。

ルシロップとなる。ミズキも同様の方法で水を吸い上げるのだが、道管の中に放出される物質はおそらく無機イオンである。

吸水の仕組みについてわかったようなことを書いてきたが、まだ謎が残っている。物理学によると、上から吸い上げる方法ではたった10mまでしか水が上がらない。ところが、植物は高さ100mを超える樹木の先端まで水を行き渡らせている。この樹木はアメリカ西海岸のレッドウッドであり、根圧はほとんどない。となると、レッドウッドは水を吸い上げていることになるのだが、それでは物理学と衝突してしまうのである。実は、物理学とぶつからないで水を吸い上げる仕組みを長いこと考え続けている。複雑なものではないはずなので、そのうち正解にたどり着くはずである。

ミズキ科のヤマボウシとアメリカハナミズキの花を見てみよう。白い部分は花弁ではなく、葉の変形した総苞片と呼ばれるものだ。花弁の代わりに訪花昆虫を呼び寄せている。ミズキ科に近いハンカチノキも同じだが、この総苞片は葉と同じ大きさだ。

コブシとタムシバ　Magnolia kobus & Magnolia salicifolia

モクレン科の樹木には大ぶりで香りの良い花を咲かせるものが多く、庭木として人気がある。中国原産のシモクレンやハクモクレン、そして北アメリカ原産のタイサンボクは市街地にも多く植栽されている。そのため、これらの庭木は日本原産と誤解されることもある。

シモクレンは紫色の花が特徴的で、私の出身地ではウマベロ（馬舌）と呼ばれて愛されていた。確かに馬の舌によく似た花を咲かせる。ハクモクレンはシモクレンよりも少し早く咲き始める。真っ白な花は優美であり、春を告げる花として知られている。ハクモクレンが咲く時期にはまだまだ霜の降りることがある。ハクモクレンの花は霜に弱く、霜にあたると茶色く変色してしまう。そこがちょっと残念だ。

日本に自生するモクレン科の植物は、コブシ、タムシバ、ホオノキ、オガタマ

残雪をバックに咲くタムシバ（巻機山山麓）。

コブシとタムシバ　共にモクレン科モクレン属の落葉樹。辛夷。田虫葉。コブシは20m近い高木になるが、タムシバはそれほど大きくならない。モクレン科は古いタイプの被子植物であり、主に北半球に分布している。外来の栽培品種をマグノリアという学名でよぶことが多い。花屋さんにあるセイタカアワダチソウの仲間はソリダゴという学名で呼ばれる。これならば悪役になってしまったセイタカアワダチソウの近縁種とは気付かれない。

ノキ、オオヤマレンゲなどだ。ホオノキは版画の版木としても使われる柔らかな材を持ち、明るい場所で急速に成長して高木となる。モクレン科の植物の中では最も見つけやすい種だと思う。葉は大きく、その上に味噌や薬味をのせて焼く朴葉味噌も人気だ。オガタマノキは唯一の常緑樹であり、神社に植栽されることが多い。オオヤマレンゲは落葉性の美しい低木である。

タムシバの葉（左）とコブシの葉。

タムシバの果実。

モクレン科の植物の中には似ているものがある。コブシとタムシバだ。共にハクモクレンに似た白い花を咲かせるが、葉の形や花が少し違う。

コブシとタムシバの生態はどのように違うのだろうか。こうした比較をするのに便利なのが植物園だ。私の勤務する植物園にはコブシもタムシバも並んで植栽されている。私が子供の頃に見ていたのは背の低いシモクレンだった。そのため、コブシの花を間近で見ることができるものと思っていた。ところが、コブシの花は目の高さにはない。大木の樹冠に咲いていた。一方のタムシバは花も葉も実も手に取って観察することができる。

コブシもタムシバも明るい環境を好む。しかし、その環境での生き方が異なっている。タムシバは小さいうちから開花して早めに子孫を残し、それほど大きくならずに一生を終える。タムシバは頻繁に伐採が行われるような人里近くで生きるのに向いた種だ。一方、小さいうちはあまり花を咲かせず高木を目指すのがコブシ。コブシはタムシバよりももう少し安定した林を好んでいるのだろう。コブシの生き方は同じモクレン科のホオノキと似ているのかもしれない。

「北国の春」というかつての大ヒット曲にコブシが登場する。これは都会で暮らす地方出身者が故郷の春と家族を想う歌だ。歌詞はいではく氏、それを明るくまとめ上げるメロディーは遠藤実さん、歌うのは岩手出身の千昌夫さんという、それだけでヒットが約束された王道の演歌だった。中国やタイでもヒットしたことを考えると、普遍性のある名曲といって良いと思う。もちろん私も大好きだ。作詞されたいではく氏のふるさとは八ヶ岳の山麓であり、その情景を描いたのだという。そこにあったのはコブシだったのだろうか。

いではく氏が目にしていたのはコブシではなくてタムシバだと思う。歌詞では丘の上に咲いていることになっているので、人里に近い。こうした場所は薪炭林《しんたんりん》であり、繰り返し伐採されている。それならばコブシよりもタムシバと考えるほうがしっくりくる。写真（126頁）のタムシバは伐採跡の丘の上に咲いていた。雪の残る遠くの尾根をバックに咲くタムシバは凛として美しい。開ききっていない花が目立つから余計にそう感じるのだろう。

実は、「北国の春」タムシバ説が書きたくてモクレンの仲間を新たに加えた。

意気揚々と書いてはみたものの、冷静になって考えてみれば、曲を作り上げるのはその道のプロ達だ。彼らは植物についても調べていたに違いない。作詞家が実際に見たものがタムシバだったとしても、歌詞に使うならばコブシしかない。タムシバでは知名度が低いし、ムシの部分の印象がいまいちだ。プロ達は全て知った上で「北国の春」にコブシを登場させたような気がしてきた。孫悟空は意気がって十万八千里を飛んでいったが、仏様の手のひらで転がされていただけだった。それを知ったときの悟空の気持ちがよくわかる。

私にとって思い出深い香りはタイサンボクの香りだ。私の通っていた高校の校庭にはタイサンボクが植えられていた。一年生の教室は校庭に近く、花の香りが教室まで漂ってきた。その時期、私は高校の授業についていけないかもしれないという不安を抱えていた。香水にも使われるタイサンボクの花言葉は「前途洋々」だという。しかし、当時の私にとって、タイサンボクの花言葉は「前途多難」とか「暗中模索」だった。月日が流れ、それも必要な経験だったと思えるようになった。夏が来てタイサンボクが咲いた日、懐かしさで胸が一杯になった。

カツラ　Cercidiphyllum japonicum

カツラの落ち葉からはカラメルの香りが立ち上る。この香りは、秋の訪れを知らせる香りでもある。この項では植物そのものではなく、落ち葉の分解と再生の旅について紹介しよう。

日本の場合、落ち葉の重さは1年で半分くらいまで減少する。土の中に住んでいる菌（カビ）や細菌などの微生物が食べてしまうからだ。シイタケやマイタケ

カツラの葉

トチノキの花

ホオノキの花

などは落ち葉などを食べている菌の仲間だ。土の中には驚くほど大量の微生物が生きている。1㎡あたりの微生物量は有機物の量で200gにも達する。この微生物量は生きている状態で1ℓの牛乳パック1本分にもなる。これを聞くと「土の中ってバッチイ！」と思うかもしれない。しかし、多くの微生物は人間には無害だ。ひたすら落ち葉を分解して自分の体を作り、余った窒素やリンなどを無機物として土壌中に放出する。これを植物が吸収して再び植物の体に作り上げる。陸上では、こんな循環が4億年も続いてきたのである。

この循環はかなり緊密にできている。土壌微生物によって作られる無機窒素はあっという間に植物の根に吸収されてしまうため、地下水に流出することはほとんどないのである。植物を伐採すると吸収されなかった窒素が地下水に出て行き、結果的に河川水の窒素濃度が一気に高まる。

微生物の話ばかりしてきたが、動物についても書いておこう。陸上生態系における動物の量は、微生物に比べてかなり少ない。哺乳類からミミズのようなものまですべて合計しても、動物は1㎡あたりの有機物量で10g以下である。哺乳類少だけならば数㎎というレベルだ。ゴマ粒くらいと考えてもよいだろう。動物が少ないのは、餌となる植物が被食防御の仕組みを発達させてしまったことによる。だから野生の哺乳類を見つけるのは結構大変だ。

ちなみに植物の量はどれくらいだろうか。森林の場合、有機物の量として１㎡あたり20㎏程度にはなる。生物の量でいえば、植物≫微生物≫動物が陸上生態系の姿なのである。植物は大量にあるとはいえ、これで人間の使うエネルギーを全てまかなうのは不可能だ。80億を越える人口を抱える地球、全員が豊かな生活を享受できる可能性はかなり低い。

せっかくなので、海の生態系についても書いておこう。海洋で光合成を行っているのは、小さな植物プランクトンだ。体が大きいと急速に海底に沈んでしまうので、小さくなければ生きていけないのである。植物プランクトンは捕食されやすいため、海には魚類などの動物がたくさん生息できる。だから海では漁師という職業が成立する。対照的に、動物の少ない陸上の場合、猟師は基本的に兼業であり、本業は農業などであることが多い。

新緑のカツラ。

カツラ　カツラ科カツラ属の落葉広葉樹。桂。近縁のヒロハカツラはカツラよりもより標高の高い場所に分布する。カツラの仲間は明るくなった攪乱跡地で急速に成長する。同じような性質をもった種には、ミズキ、ホオノキ、トチノキ、サワグルミの他、さまざまなカバノキ科の樹木などがある。

ハリエンジュ（ニセアカシア）Robinia pseudo-acacia

　最近、外来種だから、という理由で評判が悪い。「外来種は生態系を破壊する」というようなことがいわれるためだ。しかし、外来種が生態系をすべて破壊し尽くすわけではない。外来種によって生物群集を構成する種は変わってしまうかもしれないが、生態系で行われる物質循環やエネルギーの流れまで変わってしまうことはない。日本における最凶の外来種は我々人間であり、生態系を本当に破壊し尽くす力を持っている。ハリエンジュなどかわいいものだ。

　ハリエンジュは河川敷で勢力を増してきたのだが、それは在来種に河川敷で窒素固定を行うような樹木がいなかったからなのだろう。河川敷、新たに火山灰の積もった場所、地滑り跡などでは、土壌は有機物をほとんど含まない。こうした場所では微生物が有機物から無機窒素を作ってくれないため、植物は極端な窒素不足に陥る。だから空気中の窒素をアンモニアに変えることのできる窒素固定植物が有利になる。河川敷ではそれがハリエンジュだったというわけだ。

さて、ここまでは公式見解だ。この見解は基本的に正しいのだが、研究をしていると例外の多さが気になる。富士山や伊豆大島は火山灰が降り積もった貧栄養な場所だが、最初に定着する植物は窒素固定のできないタデ科のイタドリなどだ。そのあとでススキの仲間などが侵入する。窒素固定植物で最初に侵入するのはカバノキ科のヤシャブシ。しかし、イタドリなどが定着したあとに出現することが多い。窒素固定だからといって一番最初に侵入するというわけではないのである。この理由については次のヤシャブシとヤマハンノキの項で紹介することにする。

花の時期になると、遠くからでもその甘い香りを感じることができる。ハリエンジュは甘い香りで虫を呼んでいるのだろう。ところで、甘い香りって何なのだろうか。糖に香りはないので、香りの成分は別にある。虫たちは、あの香りの場所には糖があるということを本能に知っているのだろう。そして、その本能は人間にも備わっているということなのかもしれない。人間の場合、甘さを意味する香りを学習した可能性もあるのだが。

ハリエンジュの花や新芽をよく見ると、びっしりとアブラムシが付いている。これは、ハリエンジュに特殊化したハリエンジュアブラムシである。こんなにアブラムシがいてハリエンジュは大丈夫なのだろうか、と不安になるかもしれない。でも大丈夫。野外では、このような「寄生虫」はそれほど乱暴ではない。植物に大きなダメージを与えない程度に生きるように進化しているのである。これを片利共生という。人間の寄生虫も穏やかであり、本当は片利共生虫と呼ぶべきなのだ。

アブラムシは植物の師管という有機物を輸送する管に針を差し込み、有機物をいただいているのだが、植物の師管液とアブラムシの要求にはちょっとしたミスマッチが起きている。師管液には主に糖が溶けているのだが、アブラムシが欲しいのは体を作るタンパク質の原料となるアミノ酸のほうだ。アブラムシは、吸ってはみたものの使い道のない糖をお尻から排出する。これを甘露という。花の時期、ハリエンジュの下にいるとこの甘露が降ってくる。一度嘗めてみたいと思っているのだが、残念ながら筆者にはその度胸がない。だって、お尻だよ！

ハリエンジュは河原の中流域に多い。

ハリエンジュ（ニセアカシア） マメ科ハリエンジュ属の落葉広葉樹。針槐。北米原産で、日本には明治時代に導入された。根粒菌と共生して窒素固定を行えるため、窒素分の少ない貧栄養の荒れ地でも成長することができる。そのため、荒れた河川敷などを安定させるために植えられたのだという。日本で生産される蜂蜜は、ハリエンジュの蜜が原料となっていることが多い。

香りの良いハリエンジュの花。

昆虫によって花粉が運ばれる虫媒花の場合、虫を惹きつける方法は主に二つある。一つは花の色で誘因することである。これは主に昼間に活動するハナバチなどが対象であり、白、黄色、水色、ピンク色などの花弁が花の目印となる。もう一つは香りによって誘因することであり、主に夜行性のガなどを対象としている。私達が良い香りと感じる花は主にガの仲間を誘引するが、ザゼンソウなどの悪臭と感じる花はハエを誘因することが知られている。

ヤシャブシとヤマハンノキ　Alnus firma & Alnus hirsuta

ヤシャブシやヤマハンノキは窒素固定能力を持つ。窒素固定は有機物に含まれるエネルギーを使って大気中の窒素をアンモニアなどに変換するプロセスだ。これは共生している放線菌が根粒の中で行う。

秋、多くの観光客が日光を訪れる。カエデやツツジの赤、シラカンバやカラマツの黄色、アクセントは常緑針葉樹の緑、まさに錦秋。その中にあってヤシャブシやヤマハンノキは紅葉せず、紅葉シーズンの最後に葉が真っ黒になって落葉する。目障りだから切ってほしい、と訴える関係者もいると聞いた。

ヤシャブシやヤマハンノキが紅葉しない理由は何なのだろうか。春にヤシャブシの種子を播き、その成長を追いかけてみた。比較のために窒素固定能力を持たないヤマグワも育てた。

10月中旬、日光に最初の寒波がやってきた。するとヤマグワは光合成を止め、葉から窒素の回収を始めた。回収がほぼ終わって黄葉したのが10月下旬。ヤシャブシは最低気温が氷点下まで下がった11月中旬まで光合成を続け、そこで葉が黒く壊死して落ちてしまった。落ち葉を分析したところ、窒素はまったく回収されていなかった。重要なのは、ヤシャブシはヤマグワよりも1カ月ほど長く光合成を行い、その間にかなりの有機物を作り出していたことだ。回収せずに捨ててしまった窒素はこの有機物を使った窒素固定で十分補塡できる。ヤシャブシが紅葉せずに光合成を続けることのメリットは十分にあった。

この実験でわかったことは、窒素固定能力を持つヤシャブシは窒素の回収よりも光合成を優先し、窒素固定能力のないヤマグワは光合成よりも窒素の回収を優先する、ということだ。紅葉しないヤシャブシやヤマハンノキは見栄えが悪い。しかし、窒素固定植物の適応という視点で見れば合理的な戦略を採用していたのである。

こんな研究をして満足していたところ、ドキッとする質問がやって来た。窒素固定のできるヤシャブシやヤマハンノキは貧栄養な火山噴火跡地で真っ先に成長

噴火跡地のヤマハンノキ（富士山御殿場口）。

ヤシャブシとヤマハンノキ　ともにカバノキ科ハンノキ属の落葉高木。夜叉五倍子、山榛木。低地から亜高山帯にかけて、ヤシャブシ、ヤマハンノキ、ミヤマハンノキと分布する種が変化する。ハンノキ属はすべて放線菌と共生しており、必要とする窒素のほとんどを放線菌の窒素固定に依存している。ハンノキは低湿地の植物であり、低木のヒメヤシャブシは多雪山地の急斜面に分布する。

晩秋のヤシャブシ（日光植物園）。背景はユリノキの黄葉。

晩秋のケヤマハンノキ（福島県七ヶ岳山麓）。

を始めるように思う。でも、実際には窒素固定能力のないイタドリが先に定着する。この理由を知りたいというのだ。実は自分でも不思議に思っていた。しかしまったく手がかりがなかったため、放置したままの問題だった。

ある大学院生が答えを出してくれた。ヤマハンノキを火山性土壌である鹿沼土に植えるとほとんど成長できない。しかし、その土に落ち葉を乗せてあげるとヤマハンノキが急速に成長を始めた。研究を進めたところ、落ち葉から溶出するリン酸がヤマハンノキの成長を促進したことが明らかになった。火山性土壌には多くのリンが含まれている。しかし、その中で植物が使える水溶性のリン酸はごくわずかだ。噴火跡地では使えるリンが不足しているため、窒素固定植物が侵入しにくいのだった。これは、噴火直後の桜島で集めた火山灰や6000万年前に噴出した火山灰などでも同じだった。

これらの実験により、噴火跡地で起きる植生発達の仕組みが明らかになった。噴火跡地に侵入したイタドリは、降水に含まれるわずかな窒素を利用してゆっくりと成長していく。必要なリンは、火山性土壌にわずかに含まれる利用可能なものと、降水に含まれるこれもごくわずかなものを利用する。イタドリの落ち葉が貯まり始めると、そこからはリン酸が供給されるようになる。ここでやっとヤシャブシやヤマハンノキが侵入できるようになる。このとき、土壌中の窒素はまだ少ない。その後土壌に窒素源となる有機物が大量に蓄積し、窒素固定を行わないシラカンバやダケカンバが成長を始める。

窒素固定に関する話題をもう一つ。日本では農協単位で同じ作物を栽培することがある。農協が食品会社との窓口となるからだ。ある年、私の地区ではダイズを作ることになり、種子と肥料が農協から送られてきた。ダイズは窒素固定ができるから肥料の窒素成分は少ないはずだ、と思って成分表を見た。意外なことに、ダイズの肥料にはコシヒカリ用の肥料の3倍もの窒素が入っていたのである。理由は簡単だった。窒素固定は多くのエネルギーを必要とするため、窒素固定をすると成長速度が大幅に低下する。それくらいなら安価な窒素肥料でダイズを育て、豆の収穫量を上げる方が経済的というわけだ。

土壌が肥沃で窒素が十分あるとき、ハギやダイズなどのマメ科植物はコストの

落ち葉による成長促進（右）。

かかる窒素固定よりも根による窒素の吸収を優先する。この特性があるから窒素肥料で窒素固定を抑制することができる。窒素を土壌から吸収する場合、マメ科植物は落葉前に葉の窒素を回収する。ハギの美しい黄葉は土が肥沃であることを意味している。

対照的にハンノキ属は窒素固定ひと筋だ。窒素固定だけに依存するならば窒素は回収しない方が良い。しかし、肥沃な場所では土から窒素を吸収する植物に負けてしまう。ハンノキ属は、リンは使えるが窒素は使いにくい、という希な環境に特化して生きてきた。

カラマツ　Larix kaempferi

北原白秋の「落葉松」は軽井沢で作られた。教科書に載っていることが多いので、冒頭の一の印象が強いのだが、筆者は後半にある六もなかなかのものだと思っている。

からまつの林を出でて、
浅間嶺にけぶり立つ見つ。
浅間嶺にけぶり立つ見つ。
からまつのまたそのうへに。

150頁の写真は浅間山と天然生のカラマツとダケカンバの林だが、軽井沢のカラマツ林はほとんどが人工林だ。白秋の見たカラマツもおそらく植林されたカラマツである。なぜカラマツが昔から植えられてきたかというと、カラマツがスギやヒノキが生育できないほどの寒冷地でも生育できるからだ。植林されたカラマツは杭材として利用されてきたのだという。現在では杭としての需要もなく、カラマツ林はお荷物とされることも多い。

ここ数十年、全国的にシカが増え、その食害が問題となっている。その一因はカラマツ人工林である。シカの主食はササの葉であることが多い。原生林の林床は暗く、シカの餌となるササはほとんどない。だから、本来シカは少なかった。ところがカラマツ人工林の林床は明るく、ササが繁茂しやすい。シカはこのササを食べることで増えてしまったのである。人間活動がシカを増やしたというわけだ。

元来、カラマツのような落葉性の針葉樹はほとんど存在しない。というのは、これらは落葉広葉樹との競争によって衰退する運命にあったからだ。常緑広葉樹は凍結融解によるエンボリズム（65頁参照）を回避できないため、寒冷地には進出できない。しかし、冬に葉を落としている落葉広葉樹にとって、エンボリズムは生死を分ける要因とはならない。だから落葉広葉樹は寒冷地でも問題なく生育する。しかも道管をもつおかげで、落葉針葉樹よりも成長が速いのである。

日本でカラマツが自生している場所はかなり限られていて、火山の噴火跡などだ。これは栄養の乏しい環境に強いからなのだろう。また、シベリアにカラマツの仲間が多いことから考えて、カラマツが寒さに非常に強いことは明らかだ。その仕組みはわからないのだが、こうした特殊な能力を進化させることでカラマツは落葉広葉樹との競争を回避できたのだろう。

日光植物園には、シンボルツリーともいえるカラマツがある。このカラマツを使い、樹木がどの程度の風速に耐えられるのかという問題を扱ったことがある。歪みゲージというセンサーをカラマツに28個取り付け、風によって幹に発生する力を1年以上にわたって測定し続けた。その結果、健全な孤立木ならば風速80m以上の烈風にも耐えられることが明らかとなった。樹木が風で折れるのは、幹の内部が腐朽しているときか、あるいは密植されて徒長した場合に限られるようだ。

浅間山山腹に広がるカラマツとダケカンバの林。

カラマツ　マツ科カラマツ属の落葉針葉樹。唐松。カラマツのような落葉性の針葉樹は、寒冷地、乾燥地など、極端に環境に厳しい場所でのみ生き残ることができた。日本のカラマツ林の大半は杭に使うために植えられた人工林であり、天然のカラマツは冷温帯や寒温帯の岩尾根などでのみ見ることができる。

貧栄養な砂礫地などで天然のカラマツを見ることができる。

歪みゲージ（左）と日光植物園のカラマツ。

イチョウ　Ginkgo biloba

平たい葉をもっているが、これでも針葉樹と同じ裸子植物だ。実は生ける化石。同じ落葉性の裸子植物であるカラマツは、過酷な環境に適応できたことで生き延びてきた。しかし、これと言って特殊な能力をもたないイチョウは、被子植物である落葉広葉樹によって淘汰されるしかなかった。たまたま中国の奥地に取り残されることで生き延びたのがイチョウだ。こうしてみると、東大のマークがイチョウなのは痛い。未来を開拓することを使命とする大学が生ける化石では困るのである。ちなみに、この本を執筆している時点での東大の行動シナリオは「森を動かす。世界を担う知の拠点へ」だ。こちらには満足している。

日本のイチョウは百万年ほど前に絶滅している。日本にイチョウが再導入されたのは室町時代ともいわれている。その場合、公暁《くぎょう》が鶴岡八幡宮のイチョウの後ろに隠れて実朝《さねとも》を狙うことはできない。もう少し前に伝来していたとしても、そのイチョウが現在まで生きている可能性は低い。落葉樹であるイチョウの寿命がそこまで長いとは考えにくいのである。小石川植物園には樹齢300年程度といわれる大イチョウがあるが、この幹は腐朽が進んでいる。おそらく400年程度がイチョウの寿命なのではないだろうか。とはいえ、公暁がイチョウに隠れたのかどうかはたいした問題ではない。歴史的には、実朝が公暁に暗殺され、源氏が絶えたことが重要なのだから。イチョウの伝説は伝説として楽しもう。

イチョウは雌雄別株である。メスの木にやってきた花粉からは自分で泳ぐことのできる精子が解き放たれる。この精子の存在を発見したのは、小石川植物園で画工をしていた平瀬作五郎。植物に精子があることだけでもおもしろいのだが、ここではオスとメスについて考えてみよう。

オス・メスとは何かという定義は結構難しい。筆者が定義するとしたら、子供に遺伝子だけを渡すのがオス、遺伝子＋資源を渡すのがメスということになる。動物の場合、メスが子供に渡す資源とは子供の体のことだと考えればよい。植物ならば、種子のことだ。多くの植物ではオス個体とメス個体に分かれているわけ

小石川植物園の大イチョウ。

イチョウ　イチョウ科イチョウ属の落葉高木。銀杏。裸子植物であり、針葉樹に近い。落葉性針葉樹のカラマツは厳しい環境に適応できたために生き延びてきたが、イチョウは隔離された場所でたまたま生き残ったという、化石に近い植物である。日本では100万年ほど前に絶滅している。

ではないので、花粉を作る器官をオス器官、種子を作る器官をメス器官と呼べばよいだろう。

オス・メスは動物と植物で独自に進化したらしい。生物がオス・メスのない単細胞だったときに動物の祖先と植物の祖先が分かれている。その後、動物も植物も多細胞化していくのだから、多細胞生物に特有のオスとメスは動物と植物で別個に進化したと考えるのが合理的だ。面白いのは、別々に進化したはずのオスとメスなのに、片方の性は遺伝子だけを子に与え、もう片方の性は資源までも与えるということだ。また、オスとメスの比は一般に1：1となることも興味深い。これは、次に述べるように、ゲーム（駆け引き）として捉え

腐朽が進んだ大イチョウ。

この木で精子が発見された。

るのがわかりやすい。

もともと、すべての生物は遺伝子だけでなく資源も子供に残すメスだったとしよう。あるとき、資源を与えるのを拒否してズルをする個体が現れた。与えるべき資源を節約して、遺伝子だけをもった「精子」や「花粉」をたくさん作れば自分だけたくさんの子孫を残せるのではないか、というわけだ。これがオスの起源だと考えればよい。オスが少ないうちは確かに有効だ。オスは一匹でたくさんのメスに受精させることができるのだから。しかし、オスが増えてくるとそのメリットはなくなる。今度はあぶれるオスが出てくるためだ。結果として、オスとメスが1：1となるところでオスのメリットは消え、現在の性比に落ち着いたというわけだ。この説明はわかりやすさを主眼においたものなので、あまり正確ではない。性比について最初に考えた人はイギリス人のフィッシャーだったので、フィッシャーの性比の理論とよぶ。

1：1の性比を実現している私たち人間の場合、男女の間に生物としての有利不利はない。どちらも残せる子孫の数は同じなのだから。もちろん、性によって働く遺伝子が異なっているため、それぞれ得手不得手はある。あるはずのない性差による差別は当然是正しなければならない。同時に、性差による避けられないパフォーマンスの違いについて、本人の努力不足として切り捨てることも酷だ。

人間の場合に特筆すべきことは、男は遺伝子だけを残しているわけではないということだ。一夫一妻制の人間では、男も子供に資源を与えている。大昔の男たちは、動物や魚を捕らえ、木の実や草の種子を集めていたはずだ。こうした資源を家に持ち帰り、子供たちに与える。では現代の男たちはどうだろう。食糧は持ち帰らないが、給与明細は持ち帰ってくる。多くの職場では給与明細も電子化されているため、何も持ち帰らないというのが本当のところか。何の重さもないデジタルデータこそが現代の資源だ。一見子育てをしていないようだが、きちんと貢献している（はずだ）、とちょっと弱気に主張しておこう。

人間の婚姻制度について書いてきたので、それに関するよくある誤解を解いておきたい。アザラシとかライオンは一夫多妻だ。一夫多妻制はオスがメスを暴力で支配する、というとんでもない制度のように思えるかもしれない。しかし、この制度のもとではメスの方に選択権がある。メスが良さそうなオスを見つけて集まってくるのである。オスが選択権を持つのは一妻多夫の場合。では人間の一夫一妻ではどうか。これは両者の合意のもとでのみ成り立つ制度だ。だから男にも女にも失恋がある。一夫多妻制の動物の場合、メスに失恋は無い。オスだけが失恋する。

さて、イチョウといえばギンナンだ。茶碗蒸しのアクセントであり、あぶったものは良い肴である。筆者の父はギンナンが好きで、初任給で一本のイチョウの苗を買った。雌雄があることは知らなかったらしい。その後、雌雄が別の株であることを聞いて青くなったのだそうだ。それでも2分の1の確率を信じて育てていたのだが、植えてから60年以上経ってもギンナンは採れなかった。以前はギンナンが採れるメスの木が好まれていたのだが、最近はその臭いが嫌われ、街路樹としてはオスの木が好まれるという。

中低木とつる

キリ　Paulownia tomentosa

キリは、箪笥などを作るために、古くから栽培されてきた。キリ製品は軽いため、持ち運びが楽である。これがキリを使う最大の理由なのだろう。高級品を見ると、単に軽いというだけでなく、気高い美しさを感じるのだが。

筆者の母親の箪笥はキリでできており、嫁入り道具として持ってきたものだった。この箪笥、あるときから虫の糞が畳の上に落ちるようになった。数年後、箪笥は自ら崩壊してしまった。これがキリに関する筆者の最初の記憶である。姑は母が箪笥をだめにしてしまったことについてかなり怒っていたが、キリの性質を考えればそう責められたものではない。キリの幹の比重は非常に小さく、菌類や虫に対する抵抗性に欠けるのである。

比重の小ささは、キリの成長の速さの一因である。何度も述べたように、比重が小さいと、強度を犠牲にせずに背を高くできるのである。実際、キリは1年に

3mも伸びることがある。

キリの成長が速いもう一つの理由は、葉の光合成能力が樹木の中では非常に高いことであり、ほぼイネの葉と同じ能力をもつ。光合成能力は葉のタンパク質量に比例することが知られている。タンパク質を作るには窒素が必要であり、根の窒素吸収能力が高いほど、光合成能力が高くなることが知られている。キリは窒素を効率的に吸収することで、高い光合成速度を実現しているのである。

根の窒素吸収能力を上げるには、同じ根の重さならば相対的に表面積の大きい細い根を作る必要がある。草本の根は細く、窒素吸収能力が高い。キリも草本と同じような根を作る。しかし、細い根は土壌中の微生物にアタックされやすく、キリはどうしても短命となる。

キリは軽い幹と高い光合成能力とによって急速に成長し、早めに一生を終えるという生き方を選んだ。日本産の樹木では、ヤマグワ、ヌルデ、ヤナギなどが同じような戦略を持つ。

日本では古来より、キリを図案化して紋章として使う伝統がある。豊臣秀吉は

花盛りのキリ。

キリ　キリ科キリ属の落葉樹で、中国原産といわれる。桐。以前はゴマノハグサ科に分類されていた。近縁な植物がシソなどの草本であり、キリも草本に近い性質をもつ。比重の小さな幹は速い成長を保証するが、菌類の侵入には弱く、寿命は短い。葉の光合成能力は樹木の中では最も高く、これも速い成長に役立っている。軽い材は箪笥や茶箱などを作るときに重宝されてきたが、日本でのキリ材の生産が落ち込んでいる現在、攪乱地などでしぶとく生きている。高さは10mを越えるが、高木とはいえない。

五七の桐？

隙間で成長するキリ。

様々な桐の紋章を好んだ。現在では、日本国政府が五七の桐を使っている。桐の紋章と同じような写真を撮りたいと思い、何度もトライしたのだが、なかなか気に入った写真を撮ることができなかった。写真のキリはその中の一枚である。少しは紋章に見えるだろうか。

紋章に似た写真を撮ろうと努力していたとき、結構興味深いことに気がついた。キリの場合、咲いた花のほとんどが結実するのである。結実するのは当然だ、と思うかもしれない。しかし、樹木に限ればこれは一般的なことではない。オオヤマザクラのところで紹介したように、自分の花粉では受精できないという自家不和合性をもつ樹木の場合、結実率はかなり低く、せいぜい5％程度である。無理矢理他個体の花粉を付けても結実率は上がらない。ほぼ100％結実するのは、自分の花粉で受精できる自家和合性の種だけなのである。その理由は面倒な数式で説明されるので、ここでは割愛して先に進もう。

おそらく、結実率の高いキリは自家和合性であり、自分だけで子孫を残すことができる。キリは採算性の悪化によって日本で栽培されることはほとんどなくなってしまったのだが、こうしたたくましい性質によって、日本で野生化していくのだろう。実際、都会のコンクリートの隙間で発芽し、立派に成長しているキリを見かけることがある。

ヤマグワ　Morus bombycis

ひどい失敗をしたことがある。クワの実と一緒にカメムシを噛んでしまったのだ。よく見てから食べればそんなことはなかったのだが……。口の中に広がったのはエスニック料理で使うコリアンダーをさらに強烈にした臭いだった。

カメムシはクワの実を食べることはできるが、葉を食べることはできない。特殊なアルカロイドを含むクワの葉を食べることができるのは、カイコとその原種にほぼ限られる。クワの葉をよく見ると、カイコに似た小さな芋虫が取り付いている。これをクワコといい、カイコの原種と考えられている。

クワコと同じように野外でカイコを飼えれば省力化が可能だ。しかし、カイコは改良を重ねた結果、野外のクワでは飼えなくなった。しがみつく力が弱いのである。それはそれで重要な改良だった。カイコには枝ごとクワの葉を与える。葉を食い尽くしたら枝を交換するのだが、枝からカイコを簡単に振り落とすことができないと枝の交換ができないのである。クワの枝を養蚕の世界では條という。

クワとカイコは、明治時代に日本の近代化を支えた立役者である。紡いだ生糸を輸出し、代わりに欧米から近代化に必要な機械を輸入したのである。生糸生産のシンボルであった群馬県の富岡製糸場は世界遺産として登録されたが、日本の養蚕業は現在ではほとんど消滅してしまっている。養蚕は人件費の安さが勝負となる労働集約型の産業だ。だから豊かになった日本では採算が合わなくなってしまったのである。桑畑の写真を撮るために歩き回ったのだが、既に他の作物に転作されていた。最後に見つけたのが東大農学部の桑畑だ。写真のクワは日本のヤマグワではなく、中国のロソウの系統のようだ。

クワを使った研究を一つだけ紹介したい。クワの枝は旺盛に成長する。成長する過程で常に守られている規則を見つけようとしたことがある。その規則の一つは「力学的安定性の維持」というものだった。上に伸びる枝に葉をたくさんつけてしまうと、枝は座屈という現象を起こす。これはスギのところでも述べたのだが、葉の重さに耐えられなくなって湾曲してしまうのである。枝が座屈をおこす

渡良瀬遊水池のヤマグワ。

ヤマグワ　クワ科クワ属の落葉樹。山桑。攪乱跡地を本拠地としており、成長は速いが、高木となる前に繁殖を始めるため、高さは10mに満たないことが多い。カイコはクワの葉だけを食べるため、養蚕業が盛んだった時代には多くの桑畑が見られた。明治時代、日本は生糸の輸出によって近代化を進めることができた。そのシンボルである富岡製糸場は世界遺産に登録されたが、豊かになって人件費の高い日本では、養蚕業は瀕死の状態にある。

葉の重さと実際の葉の重さの比をとると、成長の過程でほぼ4付近に維持されていた。このような比を安全率という。安全率を一定に維持するメカニズムは完全にはわかっていないのだが、葉の重さによって枝にかかる力学ストレスの強さをモニターしつつ成長をコントロールしているようだ。この安全率という考え方は建築基準法から借りてきている。地震の多い日本では建物の安全率を高めに設定する。同様に風が強い環境ではクワは安全率を高め、風が弱かったり競争の激しい環境では安全率を下げる。植物にとっても人間にとっても安全率はキーワードなのである。

クワの果実は5月から6月頃に実る。熟した紫色の果実は「どどめ」と呼ばれることがある。どどめ色とはクワの実の色のことだ。クワには多くの品種があるのだが、品種によって果実の味が違う。筆者がもっとも好きなのはシダレグワの果実だ。甘みと酸味の調和が絶妙なのである。もし見つけたら、お試しあれ。

ここまで常緑高木から始まって、落葉高木、中低木と書いてきたのだが、この次に書かなければならないのは草本である。草本については本書の守備範囲外なのだが、草本の生き方についても少し書いておくことにしたい。

一言でいえば、草本の戦略は中低木よりもさらに短命であることを想定したものである。最近までクワ科に入っていたアサを草本の例にとってみよう。アサの茎は中空で比重は極端に小さく、切り倒しておくと簡単に腐ってしまう。葉は薄くて台風などの強風には耐えられそうもない。こうした特性をもったアサは短命である反面、その成長は非常に速い。1日に3㎝以上伸びることもある。このように、植物体すべてを「ちゃち」な作りにすることで成長速度を高めるのが草本である。草本は河川敷などの攪乱のおきやすい環境に適しており、発芽から開花までの期間を短くしてすばやく種子を作り、常に新天地を探していく。

草本の例としてアサを取り上げたのは、クワに近縁だからというだけではない。筆者の子供の頃はアサが身近な植物だったからである。かつての栃木県はアサの栽培が盛んだった場所であり、筆者の生家もかつてはアサを栽培していた。もちろん、マリファナなどの麻薬の生産のために栽培していたわけではなく、繊維をとるための栽培だった。生家の納屋の中には、アサを刈るために使う日本刀のような麻切り包丁や、刈ったあとで煮たアサを水につけて腐らせるための「舟」と呼ばれる木製の容器があった。そんなわけで、アサには懐かしさを感じるのである。夏に刈り取ったアサは、舟の中で腐らせてから表皮をはぎ取る。この表皮からきれいな繊維を取り出すのだが、腐ったアサはかなり臭い。筆者にとってアサから連想されるものは、何といってもこの臭いなのである。

ところで、筆者の父親がアサについて思い出すのは嫌な臭いではなく、アサの葉を蚊取り線香の代わりに使っていたことだそうだ。切り落とした葉をいろりで燃すと蚊が寄ってこないのだという。おそらく麻薬の成分は本来、虫に対する防御物質である。だから蚊取り線香代わりに使えたのだろう。それが人間の神経にも作用するというわけだ。ちなみに、父親はアサがそのような作用を持つことは知らなかったし、いろりで燃しても気持ち良くなることはなかったという。このように、日本のアサは「知らなければ効かない」という程度のものだったようだ。老婆心ながら書いておくが、現在日本で栽培されているアサにはこうした成分はまったく含まれていない。

東大農学部の桑畑。円内はカイコの原種であるクワコ。

富岡製糸場の繰糸場

繰糸機

ヤナギ　Salicaceae

自然の中に枝垂《しだ》れたヤナギはない。枝垂れてしまっては高さを稼ぐことができず、光をめぐる競争に不利になるからである。ヤナギに限らず多くの種に枝垂れ性のものがあるが、これは枝垂れ性を示す突然変異を人間が好んで育ててきたからだ。様々な種に枝垂れ性の突然変異が生じるということは、そうした変異が非常に単純なものであることを示している。枝垂れるメカニズムについては完全に解明されているわけではないようだが、ジベレリンという植物ホルモンの合成が「少なくなる」ことがその一因だと考えられている。少なくなる、に「 」を付けたのはジベレリンが一般には伸長成長を促進するホルモンだからだ。ジベレリン過多によって伸長成長が促進され、自重を支えられなくなって枝垂れる、と考えるのが常識的だが、実際には逆だったのである。

ヤナギは一般に明るい場所で旺盛な成長を実現するような性質をもち、それと引き替えに短命である。幹の比重は小さく、成長は速いが、菌が侵入しやすいからだ。生活様式はキリやヤマグワなどと同じようなグループに入るのだろう。短命を想定した性質なので、当然繁殖に入るまでの期間も短い。川岸に生育するオノエヤナギなどの場合、発芽の1年後には開花する。種子は綿毛に風を受けてふわふわと飛んでいき、地面に落ちた翌日にはもう発芽している。

幹の比重が小さいことは、ヤナギのまな板が重宝されることと無関係ではあるまい。比重の小さな幹は柔らかく、包丁の刃を傷めにくいはずだからだ。

ヤナギは根が水の中に入るような川岸だけに生育しているのではない。バッコヤナギはもっと乾燥した山の中腹に見られるし、ミネヤナギは山岳の砂礫地で生きている。それでも、明るい場所でしか生きられない、という性質は保存されている。

174頁の写真は渡良瀬遊水池の中を流れる渡良瀬川と思川の合流点付近である。これらの川では江戸時代から舟運が盛んだった。明治時代、田中正造はこの川を舟で下り、足尾銅山の鉱毒に苦しむ付近の農民の窮状を天皇に直訴した。ま

川岸はヤナギの本拠地（渡良瀬遊水池）。

ヤナギ　ヤナギ科ヤナギ属の落葉樹。柳、楊。ヤナギの仲間は、攪乱後の明るい環境を使って急速に成長する。多くのヤナギは河畔などの湿地に適応しているが、ミネヤナギなど、乾燥した環境に生育するものもある。シダレヤナギは園芸品種。枝垂れ性をもつ庭木は多いが、これは枝垂れ性を示す突然変異体を人間が好んだことによる。

水辺に多く分布するオノエヤナギ

浅間山のミネヤナギ

シダレヤナギ

た、江戸時代後期には、江戸で自由な創作活動を禁じられた喜多川歌麿が、栃木の豪商を頼って上流へと向かっている。歌麿晩年の肉筆画「深川の雪」が描かれた場所は栃木であり、行方不明だったこの大作が最近発見されて話題となった。

写真のヤナギたちはこうした歴史を見つめてきたのだ、としてこの項を終えるはずだったのだが、二重の誤りに気づいてしまった。まずは生物学的な誤りである。最初に述べたようにヤナギは短命なので、百年以上前から生きている個体はなさそうだ。二つ目は、当時の舟運についての誤解である。ある程度流れのある川を遡るとき、舟は岸から綱によって引っ張られていたのだという。となると、川岸のヤナギは切られ、そこには綱を引く綱手のための道ができていたはずなのだ。現実を描くとき、映画のような格好いい終わり方は難しい。

ウツギ　Deutzia crenata

うの花のにおう垣根に、
時鳥早もきなきて、
忍音もらす
夏は来ぬ。

この卯の花がウツギの花だ。花は匂わないので、この匂うは古語の「光輝く」の意味なのだろう。

ウツギは地味な低木だが、垣根として使われるだけでなく、畑や田んぼの境界を示すために植えられてきた。筆者の子供の頃、大人たちはこれを「さかいっかぶ」と呼んでいた。漢字で書けば境株だろう。木が根を張ってしまえば簡単には移動できないし、何十年もの耐久性がある。生きた木を使うのは境界を巡る諍いを避けるための知恵だったのだろう。しかもウツギはよく株別れするので、強く

ウツギは境界木として使われてきた。

ウツギ　アジサイ科ウツギ属の落葉低木。空木、卯木。ウツギの枝は中空であるため空木と名付けられた。パイプ状の構造は軽くても丈夫であり、速い成長を実現する一つの方法である。樹木の場合、2年目以降は肥大するだけなので、この構造の恩恵は年を経るにつれて薄れていく。多くの低木がパイプ状の枝を作るため、科が異なってもウツギという名前が使われている。ウツギという名をもつ植物は河川敷など、攪乱の多い環境に特殊化することが多い。

モズのハヤニエ

中空の幹

刈り込んでも次々と枝が出てきてくれる。こんな性質も境界に使うためには好都合だったに違いない。
　境界にあるウツギの枝を鎌で刈り込むと、切り口は鋭角となる。鎌を下から上に向かって引き上げるような使い方をするためだ。モズはこの切り口にカエルなどを刺して、ハヤニエとよばれる「保存食」を作る。ハヤニエは私にとっては初めての研究テーマだった。研究といっても小学生の夏休みの研究だったのだが。実はいまだにモズがハヤニエを作る意味ははっきりとしない。保存食にしてはあまりに食べ残しが多いのである。

ウツギは漢字で書くと空木。枝が中空であることから名付けられた。枝が中空なのはウツギに限ったことではない。中空の構造は軽くても強度を維持できるので、他の植物でも中空になるものは多い。それらをまとめて空木とよぶので混乱する。

植物の成長の仕方を考えればわかるのだが、中空の部分を大きくすることはできない。翌年には外側に肥大成長を行うので中空の部分の大きさは変わらない。そのため、中空の枝のメリットは主に1年目に限られる。そのため、中空の枝を作るのは枝の寿命が1年あるいは数年という草本や低木にほぼ限定される。

ドクウツギ　Coriaria japonica

ドクウツギはドクゼリ、トリカブトと共に日本を代表する有毒植物として知られている。これら以外の植物ならば食べても大丈夫かというと、そんなことはない。野生植物は何かしらの有毒物質を含有している。その多くは、植物食の動物に喰われることを防ぐための防御物質として進化した。

ドクウツギは写真（183頁）のような紫色の果実をつける。生態学の研究者としての筆者の立場からいえば、この果実に毒が含まれているはずがない。食べてもらうための果実なのだから、毒があってはならないのである。種子の部分は毒を含むだろうから、種子をかみつぶさないように慎重に口に入れてみた。すると、濃厚な甘さが口の中に広がったではないか。さすがに長い時間をかけて作り上げた、植物と動物との互恵的な関係だ。この関係に裏切りはあり得ないのである。

1960年代初頭、小石川植物園の園長でもあった前川文夫先生がドクウツギ

ドクウツギの本拠地（日光の大谷川河川敷）。

ドクウツギ　ドクウツギ科ドクウツギ属の低木。毒空木。窒素固定を行う放線菌と共生しており、中流域の河原で見られることが多い。有毒植物であるが、果実はサルの好物だという。毒は種子に含まれているため、噛まずに丸呑みすれば大丈夫なのだろう。食べてみたところ嫌らしいほどの甘さがあった。本来は種子が鳥によって運ばれる鳥散布植物だ。

荒れ地に分布するドクウツギ。

ドクウツギの葉。

ドクウツギの果実。

の特殊性に気付いた。ドクウツギは古い時代の赤道に沿った場所に分布しているというのだ。当時はプレートテクトニクスという考え方が生まれる前だったため、大陸移動を前提とした前川先生の論文はかなり衝撃的なものだったと思う。この時点ではドクウツギが世界中に分布している理由を説明することはできなかった。

その後、遺伝子の解析が進んで植物の系統がはっきりしてくると、この問題はさらに混迷を深めることになる。2億年以上前にはパンゲアという超大陸が存在しており、世界の大陸はほぼ一つにまとまっていた。その後パンゲアが分裂し、北半球の大陸の起源となるローラシア大陸と、南半球の大陸の起源となるゴンドワナ大陸に分かれた。ドクウツギがパンゲアの存在した時代に進化し、パンゲア全体に分布していたとすれば、今でも世界中で見られることに何の不思議もない。しかし、ドクウツギはゴンドワナ大陸で進化した植物だった。では、ドクウツギはどうして北半球にも分布しているのだろうか。

こうした問題を解決するためにも遺伝子は有用だ。遺伝子を使ってドクウツギの分布拡大径路を調べようという国際共同研究が始まった。私たちもそれに参加させてもらい、日本のドクウツギを採集することになった。この研究ではドクウツギそのものの遺伝子ではなく、ドクウツギと共生して窒素固定を行う放線菌の遺伝子を扱っている。この放線菌は単独では生きていくことができず、ドクウツギと共生するしか生き延びる術がない。そのため、放線菌を使ってもドクウツギの分布の変化を知ることができる。

世界中からドクウツギと共生している放線菌を集めて解析した結果、興味深いことが明らかになった。1億年ほど前にゴンドワナ大陸からインド亜大陸が分離した。インド亜大陸はプレートに乗って北上を続け、5000万年ほど前にユーラシア大陸に衝突してアジアの一部となった。このときできたのがヒマラヤ山脈だ。ドクウツギはゴンドワナ大陸で進化し、移動するインド亜大陸に乗って北半球にやって来た。そして、日本までたどり着いたというわけだ。おそらく、日本列島がまだユーラシア大陸の一部だった時代のことだ。

まだ未解明の部分が残っている。北アメリカに分布するドクウツギはどこからやって来たのだろうか。ユーラシア大陸と北アメリカ大陸がベーリング地峡で繋がっていた時代にユーラシアから北アメリカに分布域を広げた可能性もある。その可能性が高いようだが、南アメリカと北アメリカがパナマ地峡で繋がった後で南アメリカから北アメリカに分布域を広げた可能性もある。こうした問題が残っているとはいえ、インド亜大陸の移動がドクウツギの世界的な分布を可能にしたことは間違いなさそうだ。

植物の中には超大陸パンゲアが存在した時代に進化したものもある。例えばブナの仲間だ。現在、北半球にはブナ科が分布しており、南半球にはナンキョクブナ科が分布している。ブナとナンキョクブナはその形態が似ており、また遺伝的にも近縁とされる。これらの祖先はパンゲアで進化し、その後、北半球と南半球で独自の進化を遂げた。ナンキョクブナについては後ほど紹介したい。

ユキツバキ　Camellia rusticana

ユキツバキはヤブツバキが叢生したもので、この形態は多雪地への適応に有利であった。ユキツバキは雪につぶされた状態で冬をやり過ごす。雪の下はせいぜい0℃前後であり、しかも乾燥しない。そこは冬の植物にとっての天国なのである。

やがて春がやってくる。残雪の中に映える赤い花は雪国の春の彩りだ。やっぱり春は雪国に限る。他に、白いコブシやタムシバの花、ピンク色のオオヤマザクラなど、役者には事欠かない。

実はツバキのような真っ赤な花は自然の中にほとんど存在しない。花は虫たちを呼び集め、蜜をご褒美に花粉を運んでもらうのが仕事だ。花にやってくる多くの虫は真っ赤な色がよく見えないのである。だから真っ赤な花は虫を呼び集めることができず、たとえ突然変異で出現したとしても淘汰されてしまう。一方、鳥には赤がよく見える。ツバキは赤を見ることのできる鳥用の花だと思えばよい。おしべが黄色いので虫も呼べるらしいのだが、最も目立つのは花弁の赤だ。早春に観察してみよう。ヒヨドリなどがツバキの花の上にとまり、顔を花の中に突っ込んでいるのを見つけることができるかもしれない。

ツバキとその仲間であるサザンカには多くの園芸品種がある。野生のものが一重であるのに対し、園芸品種には八重咲きも多い。八重咲きの花を見ると、オシベやメシベがほとんどなくなっているものも多い。オシベやメシベの代わりに花弁ができているのである。これでは種子を作ることができない。だから自然の中に八重の花はまず存在しない。たとえオシベとメシベができたとしても、一重は有利だ。八重の花も一重の花も大きさは同じだ。ということは虫や鳥を呼ぶ能力も同じということ。それならばよりオシベやメシベを作れる一重の方が種子をたくさん残せる可能性が高い。こんなわけで野生の植物は一重になりがちなのである。

ところで、萼、花弁、オシベ、メシベは全部葉が変形してできたものだ。それらが作り分けられる仕組みはシンプルだ。ＡＢＣという たった三つの遺伝子の組合せで作り分けられる。Ａだけが働くと萼が、ＡＢが働くと花弁が、ＢＣが働くとオシベが、Ｃだけが働くとメシベができる。実際にはもう少し複雑なのだが、基本はこれだけだ。Ｃ遺伝子が壊れてしまうと、萼と花弁だけができてくるため、花は八重咲きとなる。

多雪地に特化したユキツバキの戦略はわかりやすいのだが、問題は暖温帯を分布の中心とするヤブツバキの戦略である。ヤブツバキは低木とするには背が高すぎる。しかし、30ｍもの高さにはなれそうもない。とはいえ、ヤブツバキは高木とすべき樹種なのだろう。屋久島の暖温帯常緑広葉樹林の場合、林冠はせいぜい10ｍ強の高さしかない。屋久島ではヤブツバキも林冠まで到達しており、たくさんの実を付けている。その上、幹の比重が大きいので、長寿を想定した高木と理解するので間違いなさそうだ。

雪解けとともに咲くユキツバキ。

ユキツバキ　ツバキ科ツバキ属の常緑低木。雪椿。常緑という性質は、暗い林床での成長に役立つ。常緑高木は林床で成長を続け、最終的には林冠に出て行く。一方、常緑低木は早めに繁殖を始め、低木で一生を終える。ユキツバキは多雪地のブナ林の林床に多く見られる。ユキツバキの場合、雪の下に入ることで冬の低温に晒されることを回避しているようにも見える。ヒメアオキ、エゾユズリハ、チャボガヤなども同じような形態をとっている。

雪につぶされて冬を越す。

チャボガヤ

ヒメアオキ

エゾユズリハ

シャクナゲ　Rhododendron

日本産のシャクナゲは気難しい。林の中に植えた場合、花摘みをしなければ数年に一度しか開花してくれない。植物園のリピーターには日本のシャクナゲを楽しみにしている方も多い。その期待に答えられるよう、花の盛りが過ぎたら職員総出で花摘みを行う。花摘みが必要な理由については後ほど考えることにする。

対照的に、ネパールや中国のシャクナゲは手間がかからない。植物園に植栽されているものは何もしなくても毎年開花し、しかも背が高くて見栄えがする。ピンク色の花がシャクナゲの木を覆い尽くすように咲くのを見ると、シャクナゲがネパールの国花であることに納得する。背景が雪をまとったヒマラヤの山々ならばさらに美しさが際立つに違いない。

どうして日本のシャクナゲは毎年開花してくれないのだろうか。アズマシャクナゲやハクサンシャクナゲが日本を代表するシャクナゲだ。これらは亜高山帯の暗い林床を本拠地としている。巻末の補遺で紹介しているように、暗い環境で生き延びるためには厚くて丈夫な葉を作り、一枚の葉の寿命を長くする必要がある。日本のシャクナゲの葉は厚く、寿命は4年以上だ。このことからもかなり暗い環境に適応していることがわかる。適応しているとはいえ、そこで作れる有機物の量は少ない。平方メートルあたり年間にせいぜい30g程度である。この有機物を使って葉を作り、さらに花を咲かせて種子を作るのは容易ではない。こういう理由で毎年開花することはできないらしい。

植物園のシャクナゲは自生地と同じ暗い林床に植えられている。林床であっても花さえ摘めば毎年開花する。その仕組みは次のように考えられている。花を摘んでしまえば種子を作るために使うはずだった有機物が余り、これを使って来年の花芽を作ることができる。チューリップの花を摘むと球根が太る仕組みと似ている。

日本のシャクナゲとは異なり、ネパールなどに生育する背の高いシャクナゲは明るい環境に生育していることが多い。そこでは林床の何十倍もの有機物を作る

中国とネパールのシャクナゲ。

シャクナゲ　ツツジ科ツツジ属の常緑樹。石楠花。日本のシャクナゲは低木であり、亜高山帯の暗い林内に生育することが多い。一方、ネパールでは高木となる種も多い。気温が低いとき、葉が丸まって下垂することがある。これは細胞外凍結という現象によって葉と葉柄が萎れていることによる。気温が上がれば萎れは元に戻る。この形態変化に適応的な意味はない。

林床のアズマシャクナゲ。

ことができる。これならば花付きが良くて当然だ。

西洋シャクナゲと呼ばれる一群の栽培品種がある。花付きが良く、花色は鮮やかで強健という完璧な庭木だ。もう原産地のあたりがついたと思う。当然日本ではない。西洋シャクナゲはネパール周辺に自生していたものを改良してできた。

花の美しいシャクナゲも登山者には厄介者扱いされることがある。藪漕ぎにおける三悪が、ハイマツ、シャクナゲ、ネマガリタケ（チシマザサ）だ。林内に多いシャクナゲも時には細い尾根上を占有することがあり、ここを通り抜けるのに苦労する。密な枝が邪魔をするのである。ハイマツの場合、その中に脚を突っ込んでしまうと抜けなくて大変だ。急斜面のネマガリタケはよく滑る。

藪を登るときには無用の悪玉でしかないシャクナゲだが、ネパールの山では有用な善玉として重宝される。以前、ネパールでの植物調査に同行させてもらったことがある。調査隊は研究者だけでなく、荷物を運んでくれるポーター、炊事係などで構成される。研究者たちはテントで寝ることができるが、ポーターたちにはテントがない。炊事のためのコンロもない。野営地での彼らの最初の仕事は小屋がけだ。ククリナイフという鉈の様な刃物を使い、シャクナゲを切り倒して小屋の柱とする。雨露を防ぐ屋根は葉のついたシャクナゲの枝で作る。到着してから30分もしないうちに小屋から煙が立ちのぼる。炊事を始めているのである。ここでもシャクナゲが使われる。鍋をたき火の上につるすための木も、そして薪もシャクナゲのようだ。生木にさえ上手に火を焚きつける。しかも、点火に使うのは火打ち石だけだ。彼らの手際の良さには舌を巻くしかなかった。

シャクナゲとツツジ、そしてサッキは全てツツジ属に含まれる。同じ仲間とはいえ、違いもある。ツツジは主に落葉性であり、何もしなくても毎年開花する。ただし、非常に暗い林内には見られない。サツキはツツジに似た常緑性の低木であり、温暖な環境を好む。自生地は渓流沿いが多く、岩の隙間に這いつくばるように生きているのを見ることができる。サツキを植栽して放置しておくと地面近くに枝を伸ばしていく。その枝は徒長せず、密に分枝する。まさに盆栽向きの植物だ。

日本のシャクナゲは品種改良に向かなかったが、サツキからは多くの園芸品種が生まれた。育てやすさと盆栽人気のおかげだ。私の好みは楚々とした朱鷺色の晃山《こうざん》。これは日光山輪王寺《りんのうじ》ゆかりの品種であり、日光山を二文字にすれば晃山となる。晃山の突然変異体はズバリ日光という名前をもらっている。こちらは華やかだ。サツキは酸性の土を好むという。栃木県鹿沼市には赤城山の噴火で放出された鹿沼軽石（鹿沼土）が厚く積もっている。鹿沼土は酸性であり、そんなこともあって鹿沼がサツキ盆栽の一大産地となった。

フジ　Wisteria floribunda

　つる植物は自分で自分の体を支える必要がない。ホストと呼ばれる樹木にとりついて成長するため、物理的な支持はホスト任せである。一見すると、これは効率的な方法だ。しかし、現実はそうでもない。

　写真はモミにとりついたフジである。モミ本体から四方八方に伸びている探索枝は、アバンギャルドな生け花にも見える。実はこの探索枝がくせ者だ。探索枝は次のホストを捜すために伸ばしているのだが、ホストはそう簡単には見つからない。フジは空振りに終わった探索枝をあっさりと枯らしてしまう。フジに限らず、つる植物は大量の探索枝を作り、その大半を捨ててしまう。そのため、植物体として残るのは光合成で作った有機物のほんの一部だけだ。いかにも気楽そうに見えるつる植物という生き方だが、本当はかなりの無駄の上に成り立つ「樹上の楼閣」なのである。

モミにできた自然の藤棚。

フジ　マメ科フジ属の落葉性つる植物。藤。学校にはなぜか藤棚が多い。花は美しいし、緑陰を作るにはうってつけだったのだろう。自然の中のフジは高木に巻き付いて大きくなり、林冠に葉を展開する。薄紫の花は５月の林のアクセントとなっている。つる性の樹木には、マタタビ、サルナシ、ツルウメモドキ、ヤマブドウ、マツブサ、イワガラミ、サネカズラなどがある。

フジに関する筆者の苦い思い出は、ある事件の捜査に関するものだ。警察から、事件に関係した可能性のある車に付着した葉があるので植物を同定してほしい、という要請があり、筆者が出向くことになった。警察署に保管されていた葉は乾燥しており、それだけでは種を同定することはできなかった。水でふやかしてみると、それはフジの葉にしか見えなかった。ここで筆者は間違いを犯す。フジの葉は林冠に出ているので車の高さにはないはず、と思い込んでしまったのである。そのため、その植物がフジだとは断定できず、他のマメ科植物の可能性を探ってみた。しかし、いくら考えても結論は出なかったのである。

「悩んでいるなら、現場に行ってみましょう。」

という捜査員の方の一言で、現場に行ってみることになった。到着したとたん、悩みは一気に解決してしまった。そこは林ではなく、切り開かれた場所だったのである。フジはとりつくホストを見つけられず、その枝は地面の上を四方八方に伸びていたのだった。それなら車にも付着するわけだ。

大きくなったフジは林冠に葉を展開するのだが、最初は種子から発芽した背の低い植物体だ。しかも、ホストを見つけるまでは地表近くを伸びていくのである。こんな初歩的なことを忘れていたのだった。フジの葉は林冠にある、という筆者の思い込みが捜査を混乱させるところだった。この経験からの教訓は、思い込みや先入観は大敵である、ということだ。また、警察ドラマで捜査員が口にする「現場100回」の重要性も経験させてもらった。これらは捜査の世界だけでなく、研究の世界でも普遍的に通用する教訓である。

フジにはこのような教訓めいた思い出もあるのだが、筆者が個人的に好きな花の一つである。4月上旬には東京のフジが開花し、その後開花前線は徐々に北へと移っていく。筆者は日光と東京を往復する機会が多いので、開花前線の北上を車窓から確認することが春の楽しみとなっている。5月に入ると日光近くのフジも開花し、日光にも遅い春がやってくる。5月のキラキラした陽光と新緑、そして樹冠を彩る薄紫のフジの花を見ると、なぜか胸一杯に息を吸い込みたくなるのである。

地面を這っていくフジの幼木。

ハルニレに巻き付いたフジ。

フジのようなつる植物は自力で立つ必要がないため、植物体に占める茎の割合が少ない。一見すると非常に効率的に成長しているように見えるが、ホストを探索するために伸ばすつるの大半は無駄になっているため、それほど効率的というわけではない。

ツタとヤマブドウ　Parthenocissus tricuspidata & Vitis coignetiae

つる植物には二つの生き方がある。一つは、ホストの上には出ず、ホストとの共存を図る生き方だ。もう一つは、ホストの上に葉を展開し、ホストを枯らしては次のホストに乗り換えていく生き方である。前者はここで紹介するツタを始め、テイカカズラ、ツルマサキ、キヅタ、ツタウルシ、ツルアジサイ、イワガラミなどだ。後者にはヤマブドウ、サルナシ、マタタビが含まれる。

ツタは付着根を使ってホストに登る。これは気根の一種であり、つるから発生する。この付着根をホストの樹皮の中に差し込むか、あるいは吸盤のように使い、自分のつるをがっちりと固定して登っていく。付着根を作るつる植物の場合、ホストを殺してしまうと確実に共倒れとなる。そのため、付着根とホストの上に出ない性質は切っても切れないものとなっている。

ヤマブドウはツタの対極にある。付着根は作らず、長いつるを伸ばしてホストにのしかかるように成長していく。ホストに自分自身を固定するために使うのはつるから出ている細い巻きひげだ。付着根とは違ってこれは仮止めとして使われ、すぐに消えてしまう。ヤマブドウはホストの樹冠の上に出るとさらに成長が良くなり、ホストを完全に覆い尽くす。光合成ができなくなったホストは枯死し、やがて倒壊する。このとき、ヤマブドウは隣接する木の樹冠に乗り移っている。

樹冠から垂れ下がったつるを見かけることがある。これは新しいホストに乗り移ったつる植物のものだ。映画ではターザンがこのつるを使う。つるの根元を切ってぶら下がればターザンごっこができる。ヤマブドウの場合、発芽したところから現在のホストまでの距離が30mにもなることがある。これはヤマブドウが何本ものホストを枯らしたことを意味している。

フジはどうだろう。フジはホストにつる全体で巻き付いて登っていくことが多い。この場合、ホストを枯らしてしまうと巻き付いたつるごと落下してしまう。たとえ隣接する木に乗り移っていたとしても、死んだホストの倒壊と共に引きずり下ろされてしまう可能性がある。フジ項にある写真（199頁）を見ると、フジの枝はホストの枝の間から伸びており、樹冠を覆い尽くしてはいない。フジはツタとヤマブドウの中間的な性質を持っている。

ツタとヤマブドウで見られる対照的な生き方は病原体でも知られている。ホストと一緒に生きていくタイプの病原体はツタに似ており、ホストを殺して次のホストに乗り換えるタイプの病原体はヤマブドウと同じだ。

その例を大腸菌のウィルスであるバクテリオファージで見てみよう。テンペレートファージは大腸菌の遺伝子に組み込まれて静かに生きていく。これは片利共生とも呼ばれる生き方であり、ホストの大腸菌にはダメージをほとんど与えない。弱毒性と言ったほうが一般的かもしれない。対極にあるのがビルレントファージであり、アポロの月着陸船に似たＴ４が有名だ。これは大腸菌の中で一気に増え、大腸菌を殺して飛び出していく。

腸内の大腸菌はかなり密であり、次のホストは簡単に見つかる。だからビルレントファージのような毒性の強い病原体も生き残る。ホストが見つけにくければテンペレートファージのように穏やかに生きていくしかない。

落葉樹を覆い尽くしたヤマブドウ。

ツタ　ツタはブドウ科ツタ属の落葉性つる植物。蔦。ツタ属の植物はアジアから北アメリカにかけて分布する。ヤマブドウはブドウ科ブドウ属の落葉性つる植物。ブドウ属の植物は広く北半球に分布する。写真のヤマブドウは全ての樹木と地面を覆い尽くしている。希な例だが、こうなってしまうと森林は回復しない。

ツタの付着根。

イチョウに這い上るツタ。

ヤマブドウとは対照的にツタは穏やかな生き方をする。付着根を使ってホストに登っていくが、決してホストの樹冠の上にでることはなく、ホストを殺すことはない。このような穏やかなつる植物としてはツタの他に、キヅタ、イタビカズラ、ツルマサキなどがある。

私達の人口密度は大腸菌に比べればスカスカであり、病原体は新しいホストを見つけることに苦労する。そのため、ホストを瞬殺する強毒性の病原体は生き残ることができない。2020年に問題となった新型コロナウィルスは数年かけて弱毒化し、よくある風邪の一つとなった。

新しいホストを見つけることに失敗したヤマブドウ、植物としては失敗だ。暗い林内に落下してしまえば先はない。しかしこの失敗、私達にとっては天からの恵みだ。普段は手の届かない場所に実る果実が目の前にあるのだから。さすがにシャインマスカットの高貴さを期待してはいけないが、酸味と渋みのある野趣あふれる味も捨てがたい。フルボディーのワイン、ただしノンアルコールといったところか。

同様に、落下してしまったサルナシを見つけたらラッキーだ。サルナシはキウイフルーツの原種に近いマタタビ科のつる植物であり、熟した果実は最高においしい。ただし、サルナシにはキウイフルーツ同様、オス株とメス株がある。見つけたものがオス株だったときのがっかり感は半端ない。

ナンキョクブナ　Nothofagus

オーストラリアとニュージーランド、そして南アメリカなど、アフリカを除く南半球にはナンキョクブナ科の樹木が分布している。学名は「偽のブナ」という意味だが、命名者は「南のブナ」とするつもりだったという。これはｔとthが入れ替わってしまったために起きたミスなのだそうだ。私たち日本人はthの発音が苦手だ。同様に、南アメリカを含むスペイン語圏の人たちもthの発音ができない。そのあたりに入れ替わりの原因があったのかもしれない。また、ｂとｖを聞き分けるのも苦手だという。ここも日本人と同じだ。

日本人にとって南アメリカのチリは地球の反対側にある遠い国だ。ただ、両者には似ているところもある。発音の得手不得手もそうだが、共に火山国であり地震が多い。そして、日本にはブナが、チリには近縁のナンキョクブナが分布している。

雪の多い場所で「根曲がり」となったナンキョクブナ。

ナンキョクブナ　ブナ目ナンキョクブナ科の樹木。常緑性の種と落葉性の種がある。また、高木となるもの、低木として一生を終えるものがある。かつてはブナ科に含まれていた。それくらいブナと似た樹木である。

パタゴニアのビーグル水道。

ハイマツのような形態。

常緑性と落葉性のナンキョクブナの混交林。

噴火跡地における植生とナンキョクブナの生態的特性を調査する機会があり、何度がチリを訪れることができた。主な調査地としてチリ最南端のナバリノ島を選んだ。ここには最も南極に近い町がある。とはいえ海の影響で最低気温はそれほど下がらず、低地では常緑広葉樹も生育できる。

ナバリノ島には三種のナンキョクブナが分布している。そのうちの二種が高木であり、これが島の高木の全てといっても良い。このように植生は非常に単純だ。

本題に入る前に森林の更新についておさらいしておこう。明るい場所ができると落葉樹が真っ先に成長を始め、落葉樹の林ができる。冬に明るくなる落葉樹の林床で常緑樹が着実に成長していき、やがて常緑樹が林冠を占めるようになる。常緑樹にも寿命があり、常緑樹が枯死したあとにできる明るい場所で再び落葉樹が成長を始める。個々の常緑樹が枯死するタイミングがばらつくため、全体の景観は落葉樹と常緑樹が入り交じったモザイク状の混交林となる。

高木となる二種のナンキョクブナには落葉性のものと常緑性のものがある。葉はブナよりもかなり小さい。まず、標高の低い場所に広がる森林を調査してみた。

明るい場所では落葉性のナンキョクブナが良く成長しており、その林床には常緑性のナンキョクブナの稚樹があった。全体の景観は両者がモザイク状に入り交じった混交林となっている。森林を構成する種は異なっても景観は日本とまったく同じだ。ナバリノ島の低地林ではたった二種のナンキョクブナで森林の更新が行われていた。

三番目のナンキョクブナは落葉性で背が低い。学名は「南極のナンキョクブナ」であり、これこそが最南端のナンキョクブナというわけだ。この種はどのような適応をしているのだろうか。この種は森林の中では見られず、生育地は湿地や道路脇などの開けた場所に限られていた。印象としては北海道の海岸沿いに分布するカシワに近い。そのカシワは背が低く、強風に耐えながら生きている。ナバリノ島は強風で有名なパタゴニアにあり、森林が成立していない場所の環境は北海道の海岸とよく似ているのである。

種数の少ないナバリノ島では落葉性の高木種が様々な形態をとる。平地の混交林では直立したごく普通の高木であり、日本で言えばコナラに近い。標高が少し上がると常緑性のナンキョクブナは見られなくなる。ここでは落葉性の高木種が根曲がりとなり、日本の多雪地に見られるブナと同じ形状となる。雪が結構降るのだろう。さらに標高が上がると落葉性の種は地面にへばりついた低木となる。それはまるでハイマツだ。これは風の影響に違いない。ここではたった一種のナンキョクブナが標高差500mの間に形態を変化させていく。種の多様性に富む日本ならば別の種が分担することになる形態変化だ。これを一種が担っているのであり、良く言えば器用な種であるが、無理をしているようでもある。

ナバリノ島を訪れたことで日本の自然の豊かさを再認識することになった。南北に長いことで様々な環境が存在することもそうだが、一カ所で見られる植物、そして動物の種数の豊富さも重要だ。日光植物園は日本の寒冷地に分布する植物を集めている。その種数は2000以上にもなる。同じ寒冷地であるナバリノ島の何十倍もの種が日本の寒冷地で生きている。日本の自然、実に多様であり、かけがえのないものだ。そしてその豊かな自然が日本の農業、林業、水産業を支えている。ありがたいことだ。

補遺1　常緑樹のなかにある多様な生き方

本書では高木を落葉樹と常緑樹に分けている。両者の生き方にははっきりとした違いがある。最近、常緑樹のなかにも多様な生き方があり、それは葉寿命と密接に関係していることが明らかになってきた。葉寿命とは一枚の葉が作られてから落葉するまでの期間のことを指す。ここでは葉寿命の多様性とその適応的な意義について紹介したい。もしかすると常緑樹の見方が変わるかもしれない。また、常緑樹だけで構成されている熱帯林を理解するための手がかりとなる可能性もある。

温帯の樹木は年輪を作る。年輪を使えば枝についている葉が何年前に作られたのか知ることができる。年輪などをもとに数十種の常緑樹について葉寿命を推定したところ、最も葉寿命の短い種はクスノキであり、葉寿命はたったの1年だった。対極にあるのがアスナロだ。これは9年程度の葉寿命を持っていた。スギやカシは中庸であり、葉寿命は3年程度となっていた。常緑樹の葉寿命には実に9倍もの違いがある。なお、ここでは暗い林床で生きられるかどうかに注目しているため、測定には陰葉という暗い場所で作られる葉を使っている。

常緑樹の葉の厚さも測定してみた。厚さとは言っているが、実際は葉の面積あたりの重さであり、ここではわかりやすさを重視して厚さとしている。まずは本州中部で測定したところ、葉の厚さは葉寿命の長さと比例していた。さらに測定を続けると、沖縄とチリといった異なる場所でも同じ比例関係が維持されていた。南アメリカの常緑樹は1億年以上前に北半球の常緑樹と分かれてしまっている。それでも同じ比例関係があるということは、そこに何かしらの意味がありそうだ。おそらく、風や植物食の動物に抵抗してより長い葉寿命を実現するためには、より厚くて丈夫な葉が求められるということなのだろう。

データの解析中にやっかいなことに気がついた。一般的な常緑樹林林床で観測される光は非常に弱い。ここではどのような葉寿命の常緑樹であってもほとんど成長できないことがわかってしまったのである。ということは、葉寿命の長さに適応的な意味はないのかもしれない。心がざわついた。

手詰まりになったときは理論に強い学生に頼るしかない。理論的には次のようになるが、理屈っぽいのでここはスキップしても良いと思う。

常緑樹林の林床がもう少し明るくなったとき、葉寿命の短い種は光合成量が顕著に増加し、成長速度が大きく改善される。これは薄い葉が光を効率的に集めるからだ。それに対し、葉寿命の長い種の成長速度はわずかしか改善されない。逆にもう少し暗くなって葉をほとんど作れなくなったとき、葉寿命の短い種は毎年起きる大量落葉によって葉を失い枯れてしまう。自転車操業の破綻である。一方、葉寿命の長い種は落葉量が少ないので葉の量があまり低下せず、しばらくは生きていくことができる。やっぱり葉寿命は生き方と関係している。ちょっと安心した。

手短にまとめておこう。葉が薄くて葉寿命の短い種は、光環境が改善されて急速な成長が始まることを信じる楽観的な種といえる。一方、葉が厚くて葉寿命の長い種は、稚樹が落ち葉に覆われるというような一時的な光環境の悪化にも対応しようとする慎重派だ。

実際、葉寿命が1年しかないクスノキの稚樹を常緑樹の下で見かけることはない。しかし、明るければ大木になる。クスノキの稚樹が成長するためには、最低でも冬に明るくなる落葉樹の林床が必要だ。それに対し、同じクスノキ科のシロダモの葉寿命は3年以上あり、常緑樹林の暗い林床にも生育している。しかしそれほど大きくはなれず、低木として生きていく個体も多い。シャクナゲも同様であり、ネパールのシャクナゲと日本のシャクナゲはそれぞれ、クスノキ、シロダモと似た生き方をしている。

このように、葉寿命によって常緑樹の生き方が変わる。葉寿命の短い種は、宵越しの銭は持たねぇ、という江戸っ子だ。葉寿命の長い種は老後を見据えてこつこつと貯金に励む私達と重なる。落葉樹を人物に例えるとしたら誰なのだろうか。落葉樹の作る薄い葉の寿命は数カ月であり、明るい場所に全賭けしている。そんな落葉樹のキャッチコピーを考えてみた。「江戸っ子も　裸足で逃げ出す　ギャンブラー」。出来不出来はさておき、五七調にはなっている。

補遺2　しなやかさと硬さ

生きている樹木は乾燥させた木材よりもずっとしなやかだ。生きている木の幹や枝は水を含んで「ふやけた」状態にある。これによって内部の繊維一本一本が比較的自由に動ける。繊維の自由な動きによってしなやかさが生み出される。正確な使い方ではないが、ここではしなやかさの反対語を硬さとしておく。その方が直感的に理解しやすいと思う。

このしなやかさの度合いが針葉樹と広葉樹で異なっている。針葉樹は風や雪を持ち前のしなやかさでかわす。広葉樹はある程度しなやかに受け流すが、硬さも使って形を維持する。極端なのがタケ。一見しなやかそうだが、実際はパイプ状の硬い稈《かん》で徹底抗戦する。曲がりにくさを測定したところ、タケは針葉樹の20倍もの硬さを持つ怪物だった。タケを手に持って曲げてみてほしい。軽いのに恐ろしく硬いことに気付くと思う。

針葉樹は古生代に進化し、当時は世界中に分布していた。その後、新たに出現した広葉樹に押され、現在では主に寒冷地で見ることができる。そのため分布の中心が多雪地となる種も多い。多雪地で生き抜くための方法の一つは、ユキツバキのように、雪の重さで大きくたわんで地面に倒れ込むことだ。倒伏して接地してしまえばどれだけ雪が積もっても折れることはない。スギやアスナロの稚樹、そしてハイマツなどは非常にしなやかであり、少し太くなっても接地できる。高木となるスギやアスナロは、立ったままでも雪に抵抗できる太さまで成長してから雪の上に出てくる。

ブナは多雪地に多いからしなやかだよね、とよく言われる。ところがブナは広葉樹の中でもかなりの硬派だ。それでも細い稚樹ならば接地できる。しかし、少し太くなると接地できずに折れる。もっと太くなれば折れないのだが、そこまで成長する前に折れるのである。そのため、ブナは雪による負荷の大きい急峻な地形、例えば雪崩の頻発するような斜面では生きられない。ブナの大木が生育している斜面ならば雪崩は起きにくいとも言える。ただし、鵜呑みにはしないように。雪崩れても責任は負えない。

タケは稈の特性を生かして希代の侵略者となった。稈には欠点もある。タケは強い負荷を受け流せず、稈が折れてしまう。実際、２０１９年の台風によって千葉県のモウソウチクに大きな被害が出た。また、モウソウチクは重い湿雪で折れることも知られている。しかし、稈にはこうした欠点を補って余りある長所がある。軽くて曲がりにくい稈のおかげで、タケは高い位置に楽々と葉を展開できるのである。これによって光を巡った競争に打ち勝ち、破竹の勢いで分布を拡大する。近年、管理されなくなったモウソウチクが全国各地の雑木林を席巻し続けている。モウソウチクは中国原産の外来種であり、このタイプの侵略は日本の樹木が初めて経験するものだ。８世紀の時を経て現代に蘇った元寇と言っても良い。

余談だが、破竹とはスパッと縦に割れることであり、折れることとは別だ。タケはポキンと折れる。

あとがき

筆者の専門である生態学は、生物の「生き方」を研究する分野である。地球に存在している生物は数百万種にものぼり、その生き方は一見すると雑多で捉えどころがない。生態学を生業にしているとはいえ、筆者は膨大な種名と生き方の特徴を覚えるのはあまり得意ではない。そんなこともあって、生物の多様な生き方の中に潜む単純な法則性を見つけられたら生態学がもっと楽しくなるのに、と常々思っている。

大学院時代は微生物を材料として研究していたのだが、微生物は比較的単純で扱いやすく、それほど悩む必要はなかった。その後研究対象を草や木に広げていったところ、大きな壁に突き当たってしまった。植物の生き方について統一的な理解ができず、「こう考えると、あちらがダメ」という矛盾点ばかりが出てきたのである。それでも最近は、樹木を生き方によっていくつかに類型化できるのではないか、と考えられるようになってきていた。その矢先、筑摩書房から樹木の本を書かないかというお誘いがあった。

この話は「渡りに舟」ではあったのだが、すぐに書き始められたわけではない。執筆を提案していただいた当時、落葉樹と常緑樹の適応に関する論文の出版を巡るぎりぎりの攻防が続いていた。まずこれを出版しないことには、類型化について科学的な根拠に基づいた議論ができない。難産の末に論文はイギリスの生態学会誌に載ることになり、ここに至ってやっと自信がもてるようになったのである。

次に問題となったのは写真だった。当初、写真を自力で撮ることは念頭になく、プロの方に任せるつもりだった。原稿を書き進めるうちに、肖像画のような美しい写真よりも「樹木の生きている現場」の写真が必要だと思うようになった。しかし手持ちの写真では足りず、早春から夏にかけて様々な場所に出かけて写真を撮ることに追われた。筆者の写真の腕は素人に近いのだが、ある程度は本書の趣旨に沿えるようなものが撮れたのではないかと思っている。

筆者は樹木を三つに類型化したわけだが、それぞれの種の生き方を具体的に紹介できなければ面白さは半減する。そのため、ここで取りあげた種は、筆者が研究対象としてきたもの、子供の頃から親しんできたものなど、できるだけ自分の言葉で語れるものとした。さらに最近の研究成果も紹介することにした。それでも日本を代表する樹木のいくつかが抜け落ちてしまった。これについてはご容赦願いたい。

本書によって、樹木にはこんな生き方があるんだ、それぞれの種はこんな歴史を背負っているんだ、ということが伝われば幸いである。

（2014年9月）

文庫版のあとがき

新書版が出版されてから10年経った。この10年の間にも研究は進んでおり、樹木についての知見が増えてきている。文庫化にあたっては樹種を増やし、樹木の生活をより多くの視点から紹介することを試みた。追加した樹種の項では少々堅苦しい表現が増えてしまった。それが近年の研究の成果だと思って楽しんでいただきたい。

（2024年1月）

本書は、二〇一四年一〇月一〇日にちくま新書として刊行された『日本の樹木』を増補改題して文庫化したものです。

ちくま文庫

樹木《じゆもく》の教科書《きようかしょ》

二〇二四年三月十日　第一刷発行

著　者　舘野正樹（たての・まさき）
発行者　喜入冬子
発行所　株式会社　筑摩書房
東京都台東区蔵前二―五―三　〒一一一―八七五五
電話番号　〇三―五六八七―二六〇一（代表）
装幀者　安野光雅
印刷所　三松堂印刷株式会社
製本所　三松堂印刷株式会社

乱丁・落丁本の場合は、送料小社負担でお取り替えいたします。
本書をコピー、スキャニング等の方法により無許諾で複製することは、法令に規定された場合を除いて禁止されています。請負業者等の第三者によるデジタル化は一切認められていませんので、ご注意ください。
© MASAKI TATENO 2024 Printed in Japan
ISBN978-4-480-43938-3　C0145